まえがき

　新学習指導要領の改訂により、小学校で学ぶ内容は英語なども加わり多岐にわたるようになりました。しかし、算数や国語といった教科の大切さは変わりません。

　そして、算数の力を身につけるためには、学校の授業で学んだことを「くり返し学習する」ことが大切です。ただ、学校では学ぶことはたくさんあるけれど、学習時間は限られているため、家庭での取り組みが一層大切になってきます。

ロングセラーをさらに使いやすく

　本書「陰山ドリル　初級算数」は、算数の基礎基本が身につくドリルです。

　長年、小学生や保護者の皆さんに支持されてきました。それは、「家庭」で「くり返し」、「取り組みやすい」よう工夫されているからです。

　今回、指導要領の改訂に合わせ、内容の更新を行うとともに、さらに新しい工夫を加えています。

陰山ドリル初級算数のポイント

・図などを用いた「わかりやすい説明」

・「なぞり書き」で学習をサポート

・大切な単元には理解度がわかる「まとめ」つき

　つまずきを少なくすることで「算数の苦手意識」をなくし、できたという「達成感」が得られるようになります。

　本書が、お子様の学力育成の一助になれば幸いです。

陰山英男・桝谷雄三

も　く　じ

たし算 (1)

名前

🌸 計算を しましょう。

①

	⑦	⑦
	2	4
+	6	3
	8	7

⑦ はじめに 一のくらいを 計算します。

4＋3＝7

⑦ つぎに 十のくらいを 計算します。

2＋6＝8

②
```
  3 1
+ 4 7
```

③
```
  4 3
+ 2 2
```

④
```
  5 2
+ 2 3
```

⑤
```
  5 5
+ 3 4
```

⑥
```
  6 2
+ 1 5
```

⑦
```
  3 7
+ 4 2
```

⑧
```
  7 4
+ 1 4
```

⑨
```
  8 5
+ 1 4
```

⑩
```
  6 7
+ 2 2
```

－3－

たし算 ⑵

名前

 計算を　しましょう。

①
$$\begin{array}{r} 8\,3 \\ +\ 1\,3 \\ \hline \end{array}$$

②
$$\begin{array}{r} 7\,7 \\ +\ 1\,1 \\ \hline \end{array}$$

③
$$\begin{array}{r} 6\,6 \\ +\ 2\,3 \\ \hline \end{array}$$

④
$$\begin{array}{r} 3\,2 \\ +\ 6\,4 \\ \hline \end{array}$$

⑤
$$\begin{array}{r} 5\,4 \\ +\ 2\,1 \\ \hline \end{array}$$

⑥
$$\begin{array}{r} 2\,2 \\ +\ 4\,6 \\ \hline \end{array}$$

⑦
$$\begin{array}{r} 4\,6 \\ +\ 2\,1 \\ \hline \end{array}$$

⑧
$$\begin{array}{r} 3\,5 \\ +\ 3\,4 \\ \hline \end{array}$$

⑨
$$\begin{array}{r} 5\,3 \\ +\ 2\,5 \\ \hline \end{array}$$

⑩
$$\begin{array}{r} 2\,5 \\ +\ 2\,2 \\ \hline \end{array}$$

⑪
$$\begin{array}{r} 4\,6 \\ +\ 4\,2 \\ \hline \end{array}$$

⑫
$$\begin{array}{r} 3\,8 \\ +\ 2\,1 \\ \hline \end{array}$$

🌸　計算を　しましょう。

①
```
  イ ア
  2 4
+ 3 8
  6 2
```

⑦　はじめに　一のくらいを　計算します。

　　　$4+8=12$

　　　一のくらいは　2

　　　十のくらいに　小さく1

⑦　つぎに　十のくらいを　計算します。

　　　$2+3+1=6$

　　　　くり上がった1

②
```
  4 4
+ 2 7
```

③
```
  2 6
+ 3 7
```

④
```
  5 2
+ 2 8
```

⑤
```
  2 9
+ 4 4
```

⑥
```
  5 9
+ 1 8
```

⑦
```
  3 6
+ 5 6
```

⑧
```
  3 3
+ 3 9
```

⑨
```
  5 7
+ 2 7
```

⑩
```
  4 3
+ 4 7
```

たし算 (4)

名前

🌸 計算を　しましょう。

①
$$\begin{array}{r} 1\ 3 \\ +\ 7\ 9 \\ \hline \end{array}$$

②
$$\begin{array}{r} 2\ 1 \\ +\ 5\ 9 \\ \hline \end{array}$$

③
$$\begin{array}{r} 3\ 4 \\ +\ 5\ 8 \\ \hline \end{array}$$

④
$$\begin{array}{r} 2\ 7 \\ +\ 4\ 4 \\ \hline \end{array}$$

⑤
$$\begin{array}{r} 4\ 9 \\ +\ 3\ 9 \\ \hline \end{array}$$

⑥
$$\begin{array}{r} 1\ 5 \\ +\ 6\ 8 \\ \hline \end{array}$$

⑦
$$\begin{array}{r} 3\ 9 \\ +\ 3\ 2 \\ \hline \end{array}$$

⑧
$$\begin{array}{r} 2\ 8 \\ +\ 4\ 7 \\ \hline \end{array}$$

⑨
$$\begin{array}{r} 4\ 4 \\ +\ 2\ 6 \\ \hline \end{array}$$

⑩
$$\begin{array}{r} 5\ 4 \\ +\ 3\ 7 \\ \hline \end{array}$$

⑪
$$\begin{array}{r} 4\ 7 \\ +\ 3\ 6 \\ \hline \end{array}$$

⑫
$$\begin{array}{r} 5\ 6 \\ +\ 2\ 8 \\ \hline \end{array}$$

🌸　計算を　しましょう。

①
	㋑	㋐
	3	6
+		7
	4¹	3

㋐　はじめに　一のくらいを　計算します。

　　6+7=13

　　一のくらいは　3

　　十のくらいに　小さく1

㋑　つぎに　十のくらいを　計算します。

　　3+1=4

　　くり上がった1

②
	1	2
+		8

③
	4	6
+		5

④
	1	4
+		7

⑤
		9
+	6	1

⑥
		5
+	8	9

⑦
		8
+	6	3

⑧
		7
+	7	3

⑨
		6
+	8	4

⑩
		4
+	6	8

ひき算 (1)

 名前

🌸 計算を　しましょう。

①
	イ	ア
	8	6
−	3	4
	5	2

ア　はじめに　一のくらいを　計算します。
　　　6−4＝2
イ　つぎに　十のくらいを　計算します。
　　　8−3＝5

②
```
  2 9
− 1 3
─────
```

③
```
  3 8
− 2 4
─────
```

④
```
  4 7
− 3 5
─────
```

⑤
```
  6 8
− 3 7
─────
```

⑥
```
  5 5
− 2 2
─────
```

⑦
```
  7 4
− 2 1
─────
```

⑧
```
  9 9
− 2 6
─────
```

⑨
```
  8 8
− 6 5
─────
```

⑩
```
  7 2
− 3 0
─────
```

🌸 計算を　しましょう。

①
```
   6 5
 - 2 3
```

②
```
   9 8
 - 1 2
```

③
```
   7 6
 - 3 1
```

④
```
   9 6
 - 5 5
```

⑤
```
   5 7
 - 4 1
```

⑥
```
   9 4
 - 7 2
```

⑦
```
   3 7
 - 1 6
```

⑧
```
   8 9
 - 1 8
```

⑨
```
   5 9
 - 1 4
```

⑩
```
   7 8
 - 2 3
```

⑪
```
   6 9
 - 4 2
```

⑫
```
   3 5
 - 1 0
```

ひき算 (3)

名前

🌸 計算を　しましょう。

　　　　　　イ　ア

①
```
    ⑥ ①
    7̸ 2
  − 4 6
  ─────
    2 6
```

ア　一のくらいを　計算します。
　　2−6は　できません。
　　だから　十のくらいから　10とって、
　　　　12−6＝6

イ　十のくらいを　計算します。
　　7は　6に　なったから
　　　　6−4＝2

②
```
    8 4
  − 3 7
  ─────
```

③
```
    5 6
  − 2 8
  ─────
```

④
```
    4 3
  − 2 5
  ─────
```

⑤
```
    6 1
  − 3 8
  ─────
```

⑥
```
    9 5
  − 5 7
  ─────
```

⑦
```
    5 7
  − 3 9
  ─────
```

⑧
```
    9 2
  − 7 5
  ─────
```

⑨
```
    8 3
  − 6 9
  ─────
```

⑩
```
    7 4
  − 1 6
  ─────
```

名前

月　　日

✿　計算を　しましょう。

①
```
    9 5
  - 4 8
```

②
```
    7 8
  - 3 9
```

③
```
    8 4
  - 5 5
```

④
```
    6 3
  - 2 8
```

⑤
```
    7 2
  - 5 7
```

⑥
```
    9 3
  - 2 6
```

⑦
```
    4 2
  - 1 4
```

⑧
```
    7 1
  - 2 3
```

⑨
```
    9 2
  - 6 9
```

⑩
```
    8 1
  - 4 4
```

⑪
```
    6 6
  - 1 9
```

⑫
```
    9 7
  - 3 8
```

名前

月　日

🌸 計算を　しましょう。

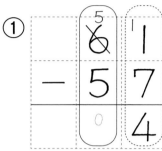

①

ⓐ 一のくらいを　計算します。

　1－7は　できません。

　だから　十のくらいから　10とって、

　　11－7＝4

ⓘ 十のくらいを　計算します。

　6は　5に　なって　5－5＝0

　「04」と　しないで「4」が　答え。

②
$$\begin{array}{r} 7\ 3 \\ -\ 6\ 4 \\ \hline \end{array}$$

③
$$\begin{array}{r} 5\ 1 \\ -\ 4\ 6 \\ \hline \end{array}$$

④
$$\begin{array}{r} 2\ 6 \\ -\ 1\ 8 \\ \hline \end{array}$$

⑤
$$\begin{array}{r} 3\ 1 \\ -\ 2\ 9 \\ \hline \end{array}$$

⑥
$$\begin{array}{r} 8\ 2 \\ -\ 7\ 7 \\ \hline \end{array}$$

⑦
$$\begin{array}{r} 4\ 4 \\ -\ 3\ 6 \\ \hline \end{array}$$

⑧
$$\begin{array}{r} 9\ 2 \\ -\ 8\ 4 \\ \hline \end{array}$$

⑨
$$\begin{array}{r} 5\ 3 \\ -\ 4\ 5 \\ \hline \end{array}$$

⑩
$$\begin{array}{r} 8\ 5 \\ -\ 7\ 7 \\ \hline \end{array}$$

ひき算 (6)

名前

❀ 計算を　しましょう。

　　　　　　イ　ア

①
$$\begin{array}{r} 9\!\!\!/\,4 \\ -8 \\ \hline 8\,6 \end{array}$$

ア 一のくらいを　計算します。
　4−8は　できません。
　だから　十のくらいから　10とって、
　　　　14−8＝6
イ 十のくらいを　計算します。
　9は　8に　なっています。
　そのまま　おろして　十のくらいは　8。

②
$$\begin{array}{r} 4\,1 \\ -5 \\ \hline \end{array}$$

③
$$\begin{array}{r} 9\,3 \\ -7 \\ \hline \end{array}$$

④
$$\begin{array}{r} 7\,4 \\ -9 \\ \hline \end{array}$$

⑤
$$\begin{array}{r} 2\,6 \\ -7 \\ \hline \end{array}$$

⑥
$$\begin{array}{r} 6\,5 \\ -6 \\ \hline \end{array}$$

⑦
$$\begin{array}{r} 5\,2 \\ -3 \\ \hline \end{array}$$

⑧
$$\begin{array}{r} 8\,0 \\ -9 \\ \hline \end{array}$$

⑨
$$\begin{array}{r} 3\,0 \\ -8 \\ \hline \end{array}$$

⑩
$$\begin{array}{r} 7\,0 \\ -2 \\ \hline \end{array}$$

たし算 ⑹

 名前

🌸 計算を　しましょう。

① 　　　イ　ア

$$\begin{array}{r} 9\,2 \\ +\;3\,1 \\ \hline 1\,2\,3 \end{array}$$

⑦　一のくらいを　計算します。
　　　2＋1＝3

⑦　十のくらいを　計算します。
　　　9＋3＝12　十のくらいは　2
　　　　　　　　百のくらいは　1

②
$$\begin{array}{r} 2\,3 \\ +\;9\,3 \\ \hline \end{array}$$

③
$$\begin{array}{r} 8\,5 \\ +\;3\,1 \\ \hline \end{array}$$

④
$$\begin{array}{r} 3\,4 \\ +\;9\,4 \\ \hline \end{array}$$

⑤
$$\begin{array}{r} 4\,4 \\ +\;7\,5 \\ \hline \end{array}$$

⑥
$$\begin{array}{r} 3\,6 \\ +\;8\,2 \\ \hline \end{array}$$

⑦
$$\begin{array}{r} 5\,1 \\ +\;8\,5 \\ \hline \end{array}$$

⑧
$$\begin{array}{r} 3\,9 \\ +\;7\,0 \\ \hline \end{array}$$

⑨
$$\begin{array}{r} 5\,5 \\ +\;9\,3 \\ \hline \end{array}$$

⑩
$$\begin{array}{r} 6\,7 \\ +\;6\,2 \\ \hline \end{array}$$

たし算 (7)

名前

🌸 計算を　しましょう。

①
イ　ア
```
    8 6
 +  7 6
 1 6 2
```

⑦ 一のくらいを　計算します。
6＋6＝12　一のくらいは　2
　　　　　　十のくらいは　小さく1

⑦ 十のくらいを　計算します。
8＋7＋1＝16　十のくらいは　6
くり上がった1　　百のくらいは　1

②
```
   1 6
 + 9 9
```

③
```
   2 4
 + 8 7
```

④
```
   4 2
 + 9 9
```

⑤
```
   6 7
 + 8 6
```

⑥
```
   5 6
 + 6 7
```

⑦
```
   4 8
 + 8 8
```

⑧
```
   6 3
 + 7 9
```

⑨
```
   5 3
 + 7 8
```

⑩
```
   7 9
 + 7 4
```

🌸　計算を　しましょう。

① 　　ⓘ　ⓐ

	9	8
+		6
1	0	4

ⓐ　一のくらいを　計算します。

8＋6＝14　一のくらいは　4

十のくらいに　小さく1

ⓘ　十のくらいを　計算します。

9＋1＝10　十のくらいは　0

くり上がった1　百のくらいは　1

②
	9	1
+		9

③
	9	4
+		8

④
	9	6
+		7

⑤ 　　ⓘ　ⓐ

	3	8
+	6	9
1	0	7

ⓐ　一のくらいを　計算します。

8＋9＝17　一のくらいは　7

十のくらいに　小さく1

ⓘ　十のくらいを　計算します。

3＋6＋1＝10　十のくらいは　0

くり上がった1　百のくらいは　1

⑥
	8	9
+	1	7

⑦
	4	5
+	5	8

⑧
	7	9
+	2	4

月　　日

🌸 計算を　しましょう。

①
	ウ	イ	ア
	6	3	9
＋		2	5
	6	6¹	4

⑦　一のくらいを　計算します。

9＋5＝14　十のくらいに　小さく1

⑦　十のくらいを　計算します。

3＋2＋1＝6

くり上がった1

⑦　百のくらいは　そのまま　6。

②
	3	6	7
＋		1	6

③
	5	4	6
＋		3	4

④
	2	5	4
＋		3	9

⑤
	7	2	5
＋			7

⑥
	8	4	3
＋			8

⑦
	9	1	8
＋			4

たし算 まとめ

名前

🌸 計算を　しましょう。

（1つ10点）

①
```
   7 2
+  5 3
```

②
```
   6 4
+  9 2
```

③
```
   7 3
+  8 4
```

④
```
   8 7
+  5 4
```

⑤
```
   6 9
+  5 9
```

⑥
```
   9 7
+  2 9
```

⑦
```
   9 8
+    8
```

⑧
```
   3 8
+  6 7
```

⑨
```
   5 6
+  4 9
```

⑩
```
   1 3 9
+    1 6
```

点

名前

月　　日

🌸 計算を　しましょう。

①

ウ　イ　ア

```
   0
   1 4 9
 -   6 3
     8 6
```

ア　一のくらいを　計算します。
$$9-3=6$$

イ　十のくらいを　計算します。
4から　6は　ひけません。
百のくらいから　とってきて
$$14-6=8$$

ウ　百のくらいは　1→0

②
```
  1 2 8
-   7 4
```

③
```
  1 6 7
-   8 2
```

④
```
  1 3 6
-   5 1
```

⑤
```
  1 1 5
-   4 4
```

⑥
```
  1 7 3
-   9 1
```

⑦
```
  1 5 9
-   7 7
```

🌸 計算を　しましょう。

①
```
  ウ イ ア
   0 12
   1  3  5
 -    6  7
 ───────────
      6  8
```

⑦　一のくらいを　計算します。
　　5−7は　できません。十のくらいから　とって　15−7＝8
④　十のくらいを　計算します。
　　2−6は　できません。百のくらいから　とって　12−6＝6
⑦　百のくらいは　1→0

②
```
  1 2 1
-   5 3
───────
```

③
```
  1 7 6
-   8 9
───────
```

④
```
  1 5 4
-   9 8
───────
```

⑤
```
  1 4 1
-   7 6
───────
```

⑥
```
  1 2 2
-   6 9
───────
```

⑦
```
  1 2 3
-   4 4
───────
```

名前

🌸 計算を しましょう。

①
```
 ウ イ ア
   ⁰⁹¹
   1 0 3
 -   7 8
       2 5
```

⑦ 一のくらいを 計算します。

　　3－8は できません。十のくら
いは 0なので、百のくらいから
とって 十のくらいは 9。
　　一のくらいは 13－8＝5
⑦ 十のくらいを 計算します。
　　　　　9－7＝2
⑨ 百のくらいは 1→0

②
```
  1 0 6
-   5 7
```

③
```
  1 0 4
-   3 9
```

④
```
  1 0 2
-   9 6
```

⑤
```
  1 0 1
-   9 3
```

⑥
```
  1 0 0
-     7
```

⑦
```
  1 0 0
-     9
```

ひき算 ⑽

🌸 計算を　しましょう。

①
```
    6  7̶  5
 −     3  8
    6  3  7
```
(上に小さく 6, 十の位に 6→3の訂正)

一のくらいを　計算します。
5−8は　できません。十のくら
いから　とって　15−8＝7
十のくらいを　計算します。
十のくらいは　7→6
　　　　6−3＝3
百のくらいは　そのまま　6。

②
```
    8  6  4
 −     4  5
```

③
```
    4  9  8
 −     5  9
```

④
```
    9  5  5
 −     2  6
```

⑤
```
    2  8  2
 −        8
```

⑥
```
    5  4  1
 −        7
```

⑦
```
    7  6  3
 −        9
```

ひき算 まとめ

名前

🌸 計算を しましょう。　　　(①〜⑥ 1つ 10点、⑦⑧ 1つ 20点)

①
```
  1 4 4
-   8 2
```

②
```
  1 6 7
-   7 4
```

③
```
  1 7 1
-   2 3
```

④
```
  4 3 3
-   1 8
```

⑤
```
  1 2 3
-   3 4
```

⑥
```
  1 1 5
-   4 8
```

⑦
```
  1 0 3
-   2 7
```

⑧
```
  1 0 2
-   6 3
```

点

10000 までの数 (1)

名前

大きさを　くらべて　みましょう。

百のくらい	十のくらい	一のくらい
100	10	1
十のタイルが 10 こ **百**	一のタイルが 10 こ **十**	**一**

🌸　　を　1と　したとき、つぎの　数は　いくつで

すか。□□□　に　かきましょう。

①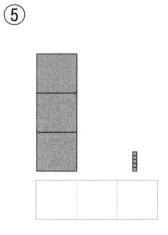

②

③

④

⑤

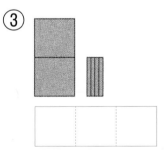

10000 までの数 (2)

名前

1 つぎの　数の　読み方を　かん字で　かきましょう。

百のくらい	十のくらい	一のくらい

れい　３５８（三百五十八）

① ５９７（　　　　　　　　）

② ７１６（　　　　　　　　）

③ ４８０（　　　　　　　　）

④ ６０４（　　　　　　　　）

⑤ ２００（　　　　　　　　）

2 つぎの　数を　数字で　かきましょう。

① 100を　3こと　10を　5こと
1を　8こ　あわせた　数。

② 100を　7こと　10を　3こ
あわせた　数。

③ 100を　5こと　1を　6こ
あわせた　数。

10000 までの数 (3)

名前

✿ ひょうに 数を 数字で かきましょう。

千のくらい	百のくらい	十のくらい	一のくらい
千のタイルが	百のタイルが	十のタイルが	一のタイルが
(① 　　　) こ	(② 　　　) こ	(③ 　　　) こ	(④ 　　　) こ
かん字で　さんぜん (⑤ 　　　)	ろっぴゃく (⑥ 　　　)	よんじゅう (⑦ 　　　)	しち (⑧ 　　　)

⑨ この数を 数字で かきましょう。

10000 までの数 (4)

名前

1 つぎの　数を　数字で　かきましょう。

千のくらい	百のくらい	十のくらい	一のくらい
7	4	3	6

① 七千四百三十六

② 五千五百九十三

③ 四千百八十二

④ 八千五百四

⑤ 六千五

2 つぎの　数の　読み方を　かん字で　かきましょう。

①
千	百	十	一
5	6	8	3

（五千六百八十三）

②
千	百	十	一
4	7	2	1

（　　　　　　　　　）

③
千	百	十	一
3	8	5	0

（　　　　　　　　　）

④
千	百	十	一
7	3	0	4

（　　　　　　　　　）

⑤
千	百	十	一
9	0	2	6

（　　　　　　　　　）

⑥
千	百	十	一
8	0	0	7

（　　　　　　　　　）

10000 までの数 (5)

名前

1 □に あてはまる 数を かきましょう。

①

0　1000　2000　[　　]　4000　[　　]　6000

②

2820　[　　]　2840　2850　[　　]　2870

③ ─ 497 ─ [　　] ─ 499 ─ [　　] ─ 501 ─

④ ─ 185 ─ 190 ─ [　　] ─ [　　] ─ 205 ─

2 つぎの 数を かきましょう。

① 990 より 10 大きい 数　（　　　　　　）

② 900 より 100 大きい 数　（　　　　　　）

③ 1000 より 1 小さい 数　（　　　　　　）

④ 1000 より 300 小さい 数　（　　　　　　）

名前

月　　日

一のタイルが　10こで、十に　なります。

十のタイルが　10こで、百に　なります。

百のタイルが　10こで、千に　なります。

千のタイルが　10こで、一万に　なります。

下の　図は　それを　あらわして　います。

一万のくらい	千のくらい	百のくらい	十のくらい	一のくらい
10000	1000が10で	100が10で	10が10で	1が10で

10の　かたまりで
ドンドン　大きく
なります

かけ算九九 (1) 5のだん

月　　日

🌸 1本の　花に　花びらは　5まいずつ（1あたりの数）あります。花びらの　数を　かきましょう。

花びらは　5まいずつ	花の数	花びらの数
	1	5
	2	10
	3	15
	4	
	5	
	6	
	7	
	8	
	9	

🌸　あいている　ところを　かきましょう。九九のと
なえ方を　れんしゅうしましょう。

1あたりの数	いくつ分	ぜんぶの数	しきと　答え	九九（となえ方）
5	1	5	$5 \times 1 = 5$	ごいちが　　　ご
5	2	10	$5 \times 2 = 10$	ごに　　　じゅう
5	3	15	$5 \times 3 = 15$	ごさん　　　じゅうご
5			$5 \times \quad =$	ごし　　　にじゅう
5			$5 \times \quad =$	ごご　　　にじゅうご
5			$5 \times \quad =$	ごろく　　　さんじゅう
5			$5 \times \quad =$	ごしち　　　さんじゅうご
5			$5 \times \quad =$	ごは　　　しじゅう
5			$5 \times \quad =$	ごっく　　　しじゅうご

かけ算九九 (3) 5のだん　名前

1 つぎの　計算を　しましょう。

① 5×2＝　　　② 5×4＝

③ 5×6＝　　　④ 5×8＝

⑤ 5×1＝　　　⑥ 5×3＝

⑦ 5×5＝　　　⑧ 5×7＝

⑨ 5×9＝

2

ぜんぶで何びき　いますか。

しき

答え

かけ算九九 ⑷ 2のだん

名前

❀ 1わの 鳥に 目は 2つずつ（1あたりの数）あります。目の 数を かきましょう。

目は　2つずつ									鳥の数	目の数
🦉									1	2
🦉	🦉								2	4
🦉	🦉	🦉							3	6
🦉	🦉	🦉	🦉						4	
🦉	🦉	🦉	🦉	🦉					5	
🦉	🦉	🦉	🦉	🦉	🦉				6	
🦉	🦉	🦉	🦉	🦉	🦉	🦉			7	
🦉	🦉	🦉	🦉	🦉	🦉	🦉	🦉		8	
🦉	🦉	🦉	🦉	🦉	🦉	🦉	🦉	🦉	9	

かけ算九九 (5)　2のだん

名前

🌸　あいている　ところを　かきましょう。九九のと
なえ方を　れんしゅうしましょう。

1あた りの数	いく つ分	ぜんぶ の 数	しきと　答え	九　九 （となえ方）
2	1	2	2 × 1 ＝ 2	にいちが　　　　　　に
2	2	4	2 × 2 ＝ 4	ににんが　　　　　　し
2			2 × ＝	にさんが　　　　　　ろく
2			2 × ＝	にしが　　　　　　はち
2			2 × ＝	にご　　　　　　じゅう
2			2 × ＝	にろく　　　　　　じゅうに
2			2 × ＝	にしち　　　　　　じゅうし
2			2 × ＝	にはち　　　　　　じゅうろく
2			2 × ＝	にく　　　　　　じゅうはち

名前

月　　日

1 つぎの　計算を　しましょう。

① $2 \times 2 =$　　　② $2 \times 4 =$

③ $2 \times 6 =$　　　④ $2 \times 8 =$

⑤ $2 \times 1 =$　　　⑥ $2 \times 3 =$

⑦ $2 \times 5 =$　　　⑧ $2 \times 7 =$

⑨ $2 \times 9 =$

2 みかんを　1さらに　2こずつ　のせます。
　　4さらでは　何こに　なりますか。

しき

答え _____

かけ算九九 (7) 4のだん

名前

🌸　1台の　車に　タイヤは　4つずつ（1あたりの数）ついて　います。タイヤの　数を　かきましょう。

タイヤは　4つずつ	車の数	タイヤの数
🚗	1	4
🚗🚗	2	8
🚗🚗🚗	3	12
🚗🚗🚗🚗	4	
🚗🚗🚗🚗🚗	5	
🚗🚗🚗🚗🚗🚗	6	
🚗🚗🚗🚗🚗🚗🚗	7	
🚗🚗🚗🚗🚗🚗🚗🚗	8	
🚗🚗🚗🚗🚗🚗🚗🚗🚗	9	

かけ算九九 ⑻ 4のだん

名前

🌸 あいている　ところを　かきましょう。九九のと
なえ方を　れんしゅうしましょう。

1あた りの数	いく つ分	ぜんぶ の 数	しきと　答え	九　九 （となえ方）
4	1	4	$4 \times 1 = 4$	しいちが　　　　　し
4			$4 \times \quad =$	しにが　　　　　はち
4			$4 \times \quad =$	しさん　　　　じゅうに
4			$4 \times \quad =$	しし　　　　じゅうろく
4			$4 \times \quad =$	しご　　　　にじゅう
4			$4 \times \quad =$	しろく　　　にじゅうし
4			$4 \times \quad =$	ししち　　　にじゅうはち
4			$4 \times \quad =$	しは　　　さんじゅうに
4			$4 \times \quad =$	しく　　　さんじゅうろく

1 つぎの　計算を　しましょう。

① $4 \times 1 =$　　　② $4 \times 5 =$

③ $4 \times 8 =$　　　④ $4 \times 4 =$

⑤ $4 \times 2 =$　　　⑥ $4 \times 6 =$

⑦ $4 \times 7 =$　　　⑧ $4 \times 3 =$

⑨ $4 \times 9 =$

2 みかんが　1つの　かごに　4こずつ　入って
います。かごが　8つでは　みかんは　何こに　な
りますか。

しき

答え _____

月　　日

🌸　1本の　くしに　だんごは　3こずつ（1あたりの数）
ついています。だんごの　数を　かきましょう。

だんごは　3こずつ									くしの数	だんごの数
									1	3
									2	6
									3	9
									4	
									5	
									6	
									7	
									8	
									9	

かけ算九九 ⑪　3のだん

名前

🌸　あいている　ところを　かきましょう。九九のと
なえ方を　れんしゅうしましょう。

1あた りの数	いく つ分	ぜんぶ の　数	しきと　答え	九　九 （となえ方）
3	1	3	3 × 1 = 3	さんいちが　　　さん
3			3 × 　 =	さんにが　　　ろく
3			3 × 　 =	さざんが　　　く
3			3 × 　 =	さんし　　　じゅうに
3			3 × 　 =	さんご　　　じゅうご
3			3 × 　 =	さぶろく　　　じゅうはち
3			3 × 　 =	さんしち　　　にじゅういち
3			3 × 　 =	さんぱ　　　にじゅうし
3			3 × 　 =	さんく　　　にじゅうしち

月　　日

1 つぎの　計算を　しましょう。

① $3 \times 7 =$ 　　② $3 \times 4 =$

③ $3 \times 1 =$ 　　④ $3 \times 8 =$

⑤ $3 \times 5 =$ 　　⑥ $3 \times 2 =$

⑦ $3 \times 9 =$ 　　⑧ $3 \times 6 =$

⑨ $3 \times 3 =$

2 りんごを　1さらに　3こずつ　のせます。
　　8さらでは　りんごは　何こ　ありますか。

しき

答え＿＿＿＿＿＿＿＿＿＿

かけ算九九 ⒀　6のだん　名前

🌸　1ぴきの　こん虫に　足は　6本ずつ（1あたりの数）ついて　います。足の　数を　かきましょう。

足は　6本ずつ									こん虫の数	足の数
🪲									1	6
🪲	🪲								2	12
🪲	🪲	🪲							3	18
🪲	🪲	🪲	🪲						4	
🪲	🪲	🪲	🪲	🪲					5	
🪲	🪲	🪲	🪲	🪲	🪲				6	
🪲	🪲	🪲	🪲	🪲	🪲	🪲			7	
🪲	🪲	🪲	🪲	🪲	🪲	🪲	🪲		8	
🪲	🪲	🪲	🪲	🪲	🪲	🪲	🪲	🪲	9	

かけ算九九 ⒁　6 のだん　名前

🌸　あいている　ところを　かきましょう。九九のと
なえ方を　れんしゅうしましょう。

1あた りの数	いく つ分	ぜんぶ の 数	しきと　答え	九 九 （となえ方）
6	1	6	$6 \times 1 = 6$	ろくいちが　　　ろく
6			$6 \times$　$=$	ろくに　　　じゅうに
6			$6 \times$　$=$	ろくさん　　　じゅうはち
6			$6 \times$　$=$	ろくし　　　にじゅうし
6			$6 \times$　$=$	ろくご　　　さんじゅう
6			$6 \times$　$=$	ろくろく　　　さんじゅうろく
6			$6 \times$　$=$	ろくしち　　　しじゅうに
6			$6 \times$　$=$	ろくは　　　しじゅうはち
6			$6 \times$　$=$	ろっく　　　ごじゅうし

かけ算九九 ⒂ 6 のだん　名前

1 つぎの　計算を　しましょう。

① 6×2＝　　　　② 6×4＝

③ 6×6＝　　　　④ 6×8＝

⑤ 6×7＝　　　　⑥ 6×9＝

⑦ 6×1＝　　　　⑧ 6×3＝

⑨ 6×5＝

2 くわがたむしが　8ひき　います。足は　ぜんぶ
で　何本　ありますか。

しき

答え _____

かけ算九九 ⒃　7 のだん　名前

🌸　1ぴきの　てんとうむしに　星は　7こずつ（1あたりの　数）あります。星の　数を　かきましょう。

星の 数は　7こずつ									虫の数	星の数
🐞									1	7
🐞	🐞								2	14
🐞	🐞	🐞							3	21
🐞	🐞	🐞	🐞						4	
🐞	🐞	🐞	🐞	🐞					5	
🐞	🐞	🐞	🐞	🐞	🐞				6	
🐞	🐞	🐞	🐞	🐞	🐞				7	
🐞	🐞	🐞	🐞	🐞	🐞	🐞			8	
🐞	🐞	🐞	🐞	🐞	🐞	🐞	🐞	🐞	9	

かけ算九九 ⒄　7のだん

名前

✿　あいている　ところを　かきましょう。九九のと
なえ方を　れんしゅうしましょう。

1あたりの数	いくつ分	ぜんぶの数	しきと　答え	九九（となえ方）
7	1	7	7 × 1 = 7	しちいちが　　　しち
7			7 × =	しちに　　　じゅうし
7			7 × =	しちさん　　　にじゅういち
7			7 × =	しちし　　　にじゅうはち
7			7 × =	しちご　　　さんじゅうご
7			7 × =	しちろく　　　しじゅうに
7			7 × =	しちしち　　　しじゅうく
7			7 × =	しちは　　　ごじゅうろく
7			7 × =	しちく　　　ろくじゅうさん

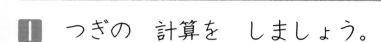

かけ算九九 ⒅ 7のだん

名前

1 つぎの 計算を しましょう。

① $7 \times 3 =$ 　　② $7 \times 6 =$

③ $7 \times 9 =$ 　　④ $7 \times 2 =$

⑤ $7 \times 5 =$ 　　⑥ $7 \times 8 =$

⑦ $7 \times 1 =$ 　　⑧ $7 \times 4 =$

⑨ $7 \times 7 =$

2 1 週間は 7日です。4週間は 何日ですか。

しき

答え _____

🌸　1ぴきの　たこに　足は　8本ずつ（1あたりの　数）ついています。足の　数を　かきましょう。

足の　数は　8本ずつ									たこの数	足の数
🐙									1	8
🐙	🐙								2	16
🐙	🐙	🐙							3	24
🐙	🐙	🐙	🐙						4	
🐙	🐙	🐙	🐙	🐙					5	
🐙	🐙	🐙	🐙	🐙	🐙				6	
🐙	🐙	🐙	🐙	🐙	🐙	🐙			7	
🐙	🐙	🐙	🐙	🐙	🐙	🐙	🐙		8	
🐙	🐙	🐙	🐙	🐙	🐙	🐙	🐙	🐙	9	

かけ算九九 ⑳ 8のだん

名前

🌸 あいている ところを かきましょう。九九のと
なえ方を れんしゅうしましょう。

1あた りの数	いく つ分	ぜんぶ の 数	しきと 答え	九 九 （となえ方）
8	1	8	$8 \times 1 = 8$	はちいちが　　　　　　　はち
8			$8 \times \quad =$	はちに　　　　　　じゅうろく
8			$8 \times \quad =$	はちさん　　　　　　にじゅうし
8			$8 \times \quad =$	はちし　　　　　　さんじゅうに
8			$8 \times \quad =$	はちご　　　　　　しじゅう
8			$8 \times \quad =$	はちろく　　　　　　しじゅうはち
8			$8 \times \quad =$	はちしち　　　　　　ごじゅうろく
8			$8 \times \quad =$	はっぱ　　　　　　ろくじゅうし
8			$8 \times \quad =$	はっく　　　　　　しちじゅうに

かけ算九九 ⑵ 8のだん

1 つぎの 計算を しましょう。

① 8×5＝   ② 8×4＝

③ 8×3＝   ④ 8×2＝

⑤ 8×1＝   ⑥ 8×9＝

⑦ 8×8＝   ⑧ 8×7＝

⑨ 8×6＝

2 1こ 8円の あめを 8こ 買うと 何円に なりますか。

しき

8円

答え _____

🌸　1ふさに　9こずつ（1あたりの　数）ついている　ぶどうが　あります。ぶどうの　数を　かきましょう。

ぶどうの　数は　9こずつ									ふさの数	ぶどうの数
🍇									1	9
🍇	🍇								2	18
🍇	🍇	🍇							3	27
🍇	🍇	🍇	🍇						4	
🍇	🍇	🍇	🍇	🍇					5	
🍇	🍇	🍇	🍇	🍇	🍇				6	
🍇	🍇	🍇	🍇	🍇	🍇	🍇			7	
🍇	🍇	🍇	🍇	🍇	🍇	🍇	🍇		8	
🍇	🍇	🍇	🍇	🍇	🍇	🍇	🍇	🍇	9	

かけ算九九 ⒇ 9のだん

🌸　あいている　ところを　かきましょう。九九のと
なえ方を　れんしゅうしましょう。

1あた りの数	いく つ分	ぜんぶ の 数	しきと　答え	九 九 （となえ方）
9	1	9	$9 \times 1 = 9$	くいちが　く
9			$9 \times \quad =$	くに　じゅうはち
9			$9 \times \quad =$	くさん　にじゅうしち
9			$9 \times \quad =$	くし　さんじゅうろく
9			$9 \times \quad =$	くご　しじゅうご
9			$9 \times \quad =$	くろく　ごじゅうし
9			$9 \times \quad =$	くしち　ろくじゅうさん
9			$9 \times \quad =$	くは　しちじゅうに
9			$9 \times \quad =$	くく　はちじゅういち

月　　日

1 つぎの　計算を　しましょう。

① $9 \times 2 =$

② $9 \times 1 =$

③ $9 \times 5 =$

④ $9 \times 9 =$

⑤ $9 \times 4 =$

⑥ $9 \times 8 =$

⑦ $9 \times 3 =$

⑧ $9 \times 6 =$

⑨ $9 \times 7 =$

2 1ふくろに　9こ入りの　クッキーが　6ふくろ
あります。クッキーは　ぜんぶで　何こ　あります
か。

しき

答え

かけ算九九 ⑵ 1 のだん　名前

🌸　1この　たまごに　きみは　1こずつ（1あたりの数）
あります。きみの　数を　かきましょう。

たまごに　きみは　1こずつ									たまご の数	きみの 数
🥚									1	1
🥚	🥚								2	2
🥚	🥚	🥚							3	3
🥚	🥚	🥚	🥚						4	
🥚	🥚	🥚	🥚	🥚					5	
🥚	🥚	🥚	🥚	🥚	🥚				6	
🥚	🥚	🥚	🥚	🥚	🥚	🥚			7	
🥚	🥚	🥚	🥚	🥚	🥚	🥚	🥚		8	
🥚	🥚	🥚	🥚	🥚	🥚	🥚	🥚	🥚	9	

かけ算九九 ⒂ 1のだん　名前

🌸　あいている　ところを　かきましょう。九九のと
なえ方を　れんしゅうしましょう。

1あた りの数	いく つ分	ぜんぶ の数	しきと　答え	九　九 （となえ方）
1	1	1	1 × 1 = 1	いんいちが いち
1			1 × ＝	いんにが に
1			1 × ＝	いんさんが さん
1			1 × ＝	いんしが し
1			1 × ＝	いんごが ご
1			1 × ＝	いんろくが ろく
1			1 × ＝	いんしちが しち
1			1 × ＝	いんはちが はち
1			1 × ＝	いんくが く

月　　日

1 つぎの　計算を　しましょう。

① 1×1＝　　　　② 1×2＝

③ 1×6＝　　　　④ 1×7＝

⑤ 1×3＝　　　　⑥ 1×5＝

⑦ 1×9＝　　　　⑧ 1×4＝

⑨ 1×8＝

2 人間(にんげん)には　おへそが　1つ　あります。3人　あつまれば　おへそは　いくつ　ありますか。

しき

答え

九九のれんしゅう (1)

名前

🌸 計算を しましょう。

① 2×2＝

② 2×4＝

③ 2×6＝

④ 2×8＝

⑤ 2×1＝

⑥ 2×3＝

⑦ 2×5＝

⑧ 2×7＝

⑨ 2×9＝

⑩ 5×2＝

⑪ 5×4＝

⑫ 5×6＝

⑬ 5×8＝

⑭ 5×1＝

⑮ 5×3＝

⑯ 5×5＝

⑰ 5×7＝

⑱ 5×9＝

⑲ 4×2＝

⑳ 4×5＝

九九のれんしゅう (2)

名前

🌸　計算を　しましょう。

① $2 \times 2 =$

② $2 \times 4 =$

③ $2 \times 6 =$

④ $2 \times 8 =$

⑤ $2 \times 1 =$

⑥ $2 \times 3 =$

⑦ $2 \times 5 =$

⑧ $2 \times 7 =$

⑨ $2 \times 9 =$

⑩ $5 \times 2 =$

⑪ $5 \times 4 =$

⑫ $5 \times 6 =$

⑬ $5 \times 8 =$

⑭ $5 \times 1 =$

⑮ $5 \times 3 =$

⑯ $5 \times 5 =$

⑰ $5 \times 7 =$

⑱ $5 \times 9 =$

⑲ $4 \times 2 =$

⑳ $4 \times 5 =$

🌸　計算を　しましょう。

① 4×6＝ 　　② 4×3＝

③ 4×4＝ 　　④ 4×8＝

⑤ 4×7＝ 　　⑥ 4×1＝

⑦ 4×9＝ 　　⑧ 6×4＝

⑨ 6×1＝ 　　⑩ 6×8＝

⑪ 6×7＝ 　　⑫ 6×3＝

⑬ 6×6＝ 　　⑭ 6×2＝

⑮ 6×5＝ 　　⑯ 6×9＝

⑰ 7×3＝ 　　⑱ 7×5＝

⑲ 7×1＝ 　　⑳ 7×8＝

🌸　計算を　しましょう。

① $4 \times 6 =$　　　　② $4 \times 3 =$

③ $4 \times 4 =$　　　　④ $4 \times 8 =$

⑤ $4 \times 7 =$　　　　⑥ $4 \times 1 =$

⑦ $4 \times 9 =$　　　　⑧ $6 \times 4 =$

⑨ $6 \times 1 =$　　　　⑩ $6 \times 8 =$

⑪ $6 \times 7 =$　　　　⑫ $6 \times 3 =$

⑬ $6 \times 6 =$　　　　⑭ $6 \times 2 =$

⑮ $6 \times 5 =$　　　　⑯ $6 \times 9 =$

⑰ $7 \times 3 =$　　　　⑱ $7 \times 5 =$

⑲ $7 \times 1 =$　　　　⑳ $7 \times 8 =$

九九のれんしゅう (5)

名前

🌸 計算を しましょう。

① 7×2＝

② 7×7＝

③ 7×4＝

④ 7×6＝

⑤ 7×9＝

⑥ 8×1＝

⑦ 8×2＝

⑧ 8×5＝

⑨ 8×8＝

⑩ 8×6＝

⑪ 8×9＝

⑫ 8×7＝

⑬ 8×3＝

⑭ 8×4＝

⑮ 9×5＝

⑯ 9×3＝

⑰ 9×8＝

⑱ 9×1＝

⑲ 9×4＝

⑳ 9×7＝

🌸　計算を　しましょう。

① $7 \times 2 =$

② $7 \times 7 =$

③ $7 \times 4 =$

④ $7 \times 6 =$

⑤ $7 \times 9 =$

⑥ $8 \times 1 =$

⑦ $8 \times 2 =$

⑧ $8 \times 5 =$

⑨ $8 \times 8 =$

⑩ $8 \times 6 =$

⑪ $8 \times 9 =$

⑫ $8 \times 7 =$

⑬ $8 \times 3 =$

⑭ $8 \times 4 =$

⑮ $9 \times 5 =$

⑯ $9 \times 3 =$

⑰ $9 \times 8 =$

⑱ $9 \times 1 =$

⑲ $9 \times 4 =$

⑳ $9 \times 7 =$

🌸 計算を しましょう。

① $9 \times 2 =$

② $9 \times 9 =$

③ $9 \times 6 =$

④ $3 \times 8 =$

⑤ $3 \times 6 =$

⑥ $3 \times 4 =$

⑦ $3 \times 2 =$

⑧ $3 \times 1 =$

⑨ $3 \times 3 =$

⑩ $3 \times 5 =$

⑪ $3 \times 7 =$

⑫ $3 \times 9 =$

⑬ $1 \times 2 =$

⑭ $1 \times 4 =$

⑮ $1 \times 6 =$

⑯ $1 \times 8 =$

⑰ $1 \times 9 =$

⑱ $1 \times 7 =$

⑲ $1 \times 5 =$

⑳ $1 \times 3 =$

名前

計算を しましょう。

① $9 \times 2 =$

② $9 \times 9 =$

③ $9 \times 6 =$

④ $3 \times 8 =$

⑤ $3 \times 6 =$

⑥ $3 \times 4 =$

⑦ $3 \times 2 =$

⑧ $3 \times 1 =$

⑨ $3 \times 3 =$

⑩ $3 \times 5 =$

⑪ $3 \times 7 =$

⑫ $3 \times 9 =$

⑬ $1 \times 2 =$

⑭ $1 \times 4 =$

⑮ $1 \times 6 =$

⑯ $1 \times 8 =$

⑰ $1 \times 9 =$

⑱ $1 \times 7 =$

⑲ $1 \times 5 =$

⑳ $1 \times 3 =$

九九　まとめ (1)

名前

🌸　計算を　しましょう。　　　　　　　　　　　（1つ5点）

① $1 \times 2 =$ 　　　　② $2 \times 5 =$

③ $3 \times 2 =$ 　　　　④ $1 \times 4 =$

⑤ $2 \times 2 =$ 　　　　⑥ $3 \times 6 =$

⑦ $1 \times 3 =$ 　　　　⑧ $3 \times 1 =$

⑨ $2 \times 7 =$ 　　　　⑩ $1 \times 6 =$

⑪ $2 \times 1 =$ 　　　　⑫ $1 \times 7 =$

⑬ $2 \times 4 =$ 　　　　⑭ $3 \times 3 =$

⑮ $1 \times 8 =$ 　　　　⑯ $2 \times 6 =$

⑰ $1 \times 5 =$ 　　　　⑱ $2 \times 3 =$

⑲ $1 \times 9 =$ 　　　　⑳ $2 \times 8 =$

点

名前

✿　計算を　しましょう。

（1つ5点）

① 2×9＝

② 3×4＝

③ 4×3＝

④ 5×5＝

⑤ 3×7＝

⑥ 4×1＝

⑦ 3×8＝

⑧ 4×5＝

⑨ 5×4＝

⑩ 3×5＝

⑪ 4×7＝

⑫ 3×9＝

⑬ 6×3＝

⑭ 4×6＝

⑮ 6×4＝

⑯ 4×2＝

⑰ 5×7＝

⑱ 4×8＝

⑲ 6×6＝

⑳ 4×9＝

点

九九　まとめ (3)

名前

計算を　しましょう。　　　　　　　　　　（1つ5点）

① 4×4＝

② 6×5＝

③ 5×6＝

④ 6×2＝

⑤ 7×2＝

⑥ 6×7＝

⑦ 7×6＝

⑧ 5×3＝

⑨ 6×1＝

⑩ 5×9＝

⑪ 7×4＝

⑫ 5×2＝

⑬ 6×8＝

⑭ 5×8＝

⑮ 8×3＝

⑯ 9×1＝

⑰ 6×9＝

⑱ 8×5＝

⑲ 9×7＝

⑳ 5×1＝

点

九九　まとめ (4)

名前

✿　計算を　しましょう。　　　　　　　（1つ5点）

① $7 \times 1 =$

② $8 \times 2 =$

③ $9 \times 3 =$

④ $7 \times 5 =$

⑤ $9 \times 8 =$

⑥ $8 \times 9 =$

⑦ $9 \times 5 =$

⑧ $7 \times 8 =$

⑨ $8 \times 4 =$

⑩ $9 \times 2 =$

⑪ $9 \times 4 =$

⑫ $7 \times 7 =$

⑬ $9 \times 9 =$

⑭ $8 \times 6 =$

⑮ $9 \times 6 =$

⑯ $8 \times 8 =$

⑰ $7 \times 3 =$

⑱ $8 \times 1 =$

⑲ $7 \times 9 =$

⑳ $8 \times 7 =$

点

かけ算のれんしゅう (1)

 計算を しましょう。

① $1 \times 10 =$ ② $1 \times 11 =$

③ $1 \times 12 =$ ④ $2 \times 10 =$

⑤ $2 \times 11 =$ ⑥ $2 \times 12 =$

⑦ $3 \times 10 =$ ⑧ $3 \times 11 =$

⑨ $3 \times 12 =$ ⑩ $4 \times 10 =$

⑪ $4 \times 11 =$ ⑫ $4 \times 12 =$

⑬ $5 \times 10 =$ ⑭ $5 \times 11 =$

⑮ $6 \times 10 =$ ⑯ $6 \times 11 =$

⑰ $7 \times 10 =$ ⑱ $7 \times 11 =$

⑲ $8 \times 10 =$ ⑳ $8 \times 11 =$

❀　計算を　しましょう。

① $9 \times 10 =$

② $9 \times 11 =$

③ $10 \times 1 =$

④ $10 \times 2 =$

⑤ $10 \times 3 =$

⑥ $10 \times 4 =$

⑦ $10 \times 5 =$

⑧ $10 \times 6 =$

⑨ $10 \times 7 =$

⑩ $10 \times 8 =$

⑪ $10 \times 9 =$

⑫ $11 \times 1 =$

⑬ $11 \times 2 =$

⑭ $11 \times 3 =$

⑮ $11 \times 4 =$

⑯ $11 \times 5 =$

⑰ $11 \times 6 =$

⑱ $11 \times 7 =$

⑲ $11 \times 8 =$

⑳ $11 \times 9 =$

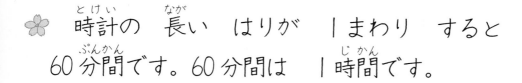

🌸　時計の　長い　はりが　1まわり　すると
60分間です。60分間は　1時間です。

1時間＝60分間

1日は、午前が　12時間、午後が　12時間　あります。

1日＝24時間

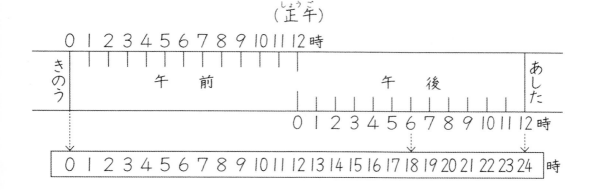

（正午）

お昼の　12時を　正午と　いいます。

朝の　7時は、午前7時です。

夕方の　6時は、午後6時です。

午後6時の　ことを、18時と　いうことも　できます。

時こくと時間 (2)

名前

❀ まきさんの ある 休みの 日の 生活です。午前・午後を 入れて 時こくを かきましょう。

① 朝です。元気におきました。

（午前　　時　　分）

② 朝ごはんです。

（　　　　　　　）

③ 公園に行きました。

（　　　　　　　）

家に帰りました。

正午・12時・0時

④ 昼ごはんです。

（午後　　時　　分）

⑤ おやつを食べました。

（　　　　　　　）

⑥ 夕ごはんです。

（　　　　　　　）

⑦ ねる時こくです。おやすみなさい。

（　　　　　　　）

🌸 つぎの　時間を　しらべましょう。

① 公園へ　行ってから　家に　帰るまでの　時間。

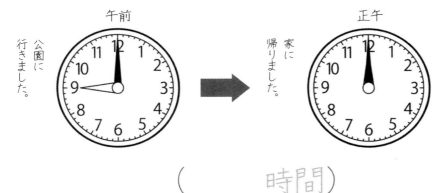

（　　　　時間）

② 家に　帰ってから　おやつまでの　時間。

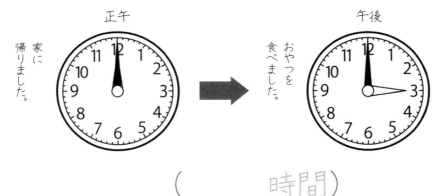

（　　　　時間）

③ おやつを　食べてから　ねるまでの　時間。

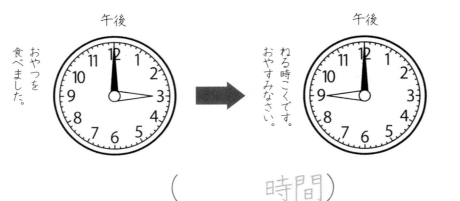

（　　　　時間）

月　　日

🌸　つぎの　時間を　しらべましょう。

① 家に　帰ってから　昼ごはんまでの　時間。

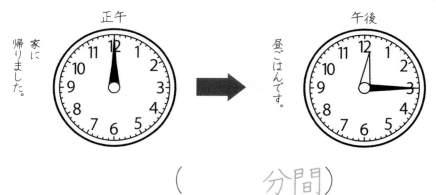

（　　　　　分間）

② 昼ごはんを　食べて　いた　時間。

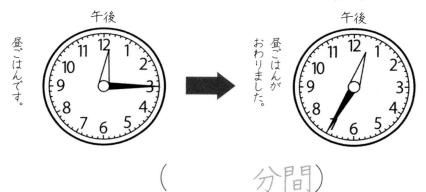

（　　　　　分間）

③ おふろに　入って　いた　時間。

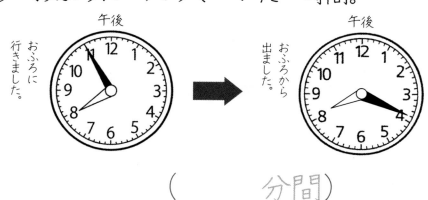

（　　　　　分間）

❀　つぎの　時間を　しらべましょう。

① 朝　おきてから　朝ごはんまでの　時間。

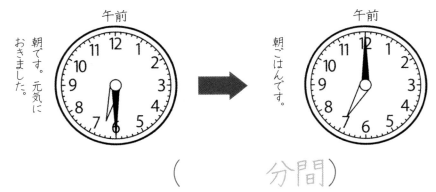

（　　　　分間）

② 朝ごはんから　公園へ　行くまでの　時間。

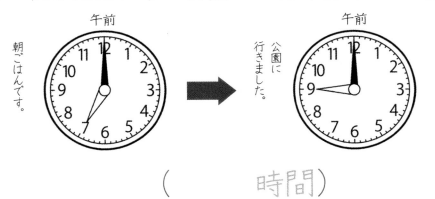

（　　　　時間）

③ 昼ごはんから　おやつまでの　時間。

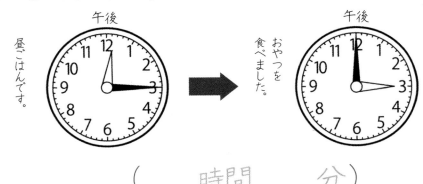

（　　　時間　　　分）

1　今、7時です。つぎの　時こくを　かきましょう。

　　　　　　① 1時間前　　（　　　　　　）

　　　　　　② 2時間後　　（　　　　　　）

　　　　　　③ 30分前　　（　　　　　　）

　　　　　　④ 30分後　　（　　　　　　）

2　今、9時15分です。つぎの　時こくを　かきましょう。

　　　　　　① 1時間前　　（　　　　　　）

　　　　　　② 2時間後　　（　　　　　　）

　　　　　　③ 30分前　　（　　　　　　）

　　　　　　④ 30分後　　（　　　　　　）

3　今、10時45分です。つぎの　時こくを　かきましょう。

　　　　　　① 2時間前　　（　　　　　　）

　　　　　　② 30分前　　（　　　　　　）

　　　　　　③ 30分後　　（　　　　　　）

時間 まとめ

名前

1 つぎの　時間を　しらべましょう。　　　　（1つ 25点）

① 家を出た時こく

午前

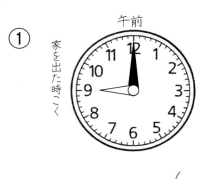

公園につきました。

午前

（　　　　　　）

② 午前

正午

（　　　　　　）

2 今、8時40分です。つぎの　じこくを　かきましょう。　　　　（1つ 25点）

① 30分後の　時こく

（　　　　　　　　　）

② 50分前の　時こく

（　　　　　　　　　）

点

文しょうだい (1)

名前

1　公園に　子どもが　33人　いました。15人　家に　帰りました。今　何人　いますか。

しき

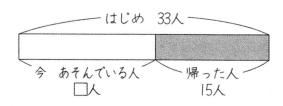

答え

2　公園で　子どもが　いました。15人　帰ったので、今　18人　います。はじめに　何人　いましたか。

しき

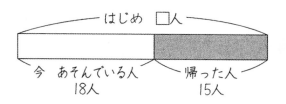

答え

3　公園で　子どもが　33人　いました。何人か帰ったので　今　18人　います。何人　帰りましたか。

しき

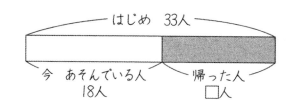

答え

文しょうだい (2)

名前

1 よしみさんは、色紙(いろがみ)を 59まい もっています。妹(いもうと)に 17まい あげました。今 もっている 色紙は 何まい ですか。

しき

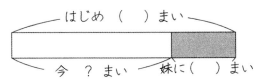

答え _____

2 みかんが いくつか ありました。5こ 食べたら、のこりが 27こに なりました。みかんは はじめに 何こ ありましたか。

しき

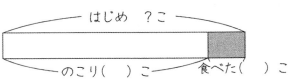

答え _____

3 りんごが 32こ ありました。何こか 食べたので、のこりが 23こに なりました。何こ 食べましたか。

しき

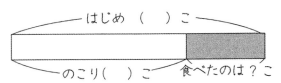

答え _____

計算のじゅんじょ (1)

🌸　公園で 10人 あそんで いました。そこへ 7人 あそびに 来ました。つぎに 3人 あそびに来ました。みんなで 何人に なりましたか。▢に 数を 入れて 考えましょう。

(1) じゅんに 計算すると

10＋7＝①▢ 、②▢ ＋3＝③▢

・1つの しきに すると

(10＋7)＋3＝④▢

（　）の中を 先に計算します。

答え　　　　　　人

(2) ふえた人を 先に 計算すると

7＋3＝①▢ 、10＋②▢ ＝③▢

・1つの しきに すると

10＋(7＋3)＝④▢

答え　　　　　　人

> たし算は、じゅんじょを かえて 計算しても 答えは 同じです。

名前

月　　日

✿　計算の　じゅんに　気をつけて　しましょう。

① （6＋4）＋8＝

先
つぎ

② 13＋（1＋9）＝

先
つぎ

③ （15＋5）＋23＝

④ 29＋（24＋6）＝

⑤ （33＋7）＋25＝

⑥ 66＋（8＋22）＝

月　　日

✿　しおりさんは、130円　もって、えんぴつと　け
しゴムを　買いに　行きました。えんぴつと　けし
ゴムは　2しゅるいずつ　売っていました。

つぎの　くみあわせは　買えますか、買えませんか。

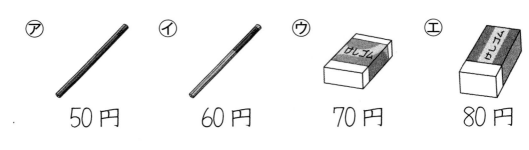

㋐	㋑	㋒	㋓
50円	60円	70円	80円

① ㋐と ㋒を 考えると

$$50 + 70 < 130$$
120

50 + 70 は 130より 小さい。

☐（10円 のこる）。

② ㋑と ㋒を 考えると

$$60 + 70 = 130$$
130

60 + 70 は 130と 同じ。

☐（お金は ぴったり）。

③ ㋑と ㋓を 考えると

$$60 + 80 > 130$$
140

60 + 80 は 130より 大きい。

☐。

＜＞＝のしき (2)

名前

 つぎの □ に ＜、＞、＝の どれかを 入れ
ましょう。

① 10＋40 □ 50

② 80＋30 □ 100

③ 100＋20 □ 150

④ 70 □ 90－10

⑤ 80 □ 90－10

⑥ 90 □ 90－10

⑦ 120－20 □ 80＋10

⑧ 100＋(20＋10) □ (100＋20)＋10

⑨ 30＋100＋30 □ 300－100－50

ひょうとグラフ (1)

名前

🌸　グラフを　見て　答えましょう。

〈ペットを　かっている人〉

	○		
	○		
○	○		
○	○		
○	○		○
○	○	○	○
○	○	○	○
ねこ	犬	小鳥	魚

① 何を　かっている人が　いちばん　多いですか。
（　　　　　　　　　）

② ねこを　かっている人は　何人ですか。
（　　　　　　　　　）

③ 小鳥を　かっている人と　魚を　かっている
人とでは、どちらが　多いですか。
（　　　　　　　　　）

❀　川で　きれいな　石を　ひろいました。

①　ひょうからグラフに　あらわしましょう。○1
つで　石1こをあらわします。

〈ひろった　石の　数〉

名前	ただし	みちよ	まさお	えり子	ゆうき
数	5	3	4	2	6

ただし	みちよ	まさお	えり子	ゆうき

②　石を　いちばん　多く　ひろったのは　だれで
すか。　　　　　　　　　　　　（　　　　　）

③　2ばんめに　多い人と　3ばんめに　多い人の
ちがいは　何こですか。　　　　（　　　　　）

ひょうとグラフ (3)

名前

🌸 絵を　見て　どうぶつの　数を　かきましょう。

うさぎ

うし

にわとり

ひつじ

やぎ

〈どうぶつの　数〉

どうぶつ	うさぎ	にわとり	ひつじ	やぎ	うし
数					

ひょうとグラフ ⑷

名前

❀　どうぶつの　数は　ひょうのように　なりました。

〈どうぶつの　数〉

どうぶつ	うさぎ	にわとり	ひつじ	やぎ	うし
数	7	6	2	5	1

① 　○を　つかって　グラフに　かきましょう。

　　（　　）に　グラフの　名前を　かきましょう。

（　　　　　　　　　　　）

うさぎ	にわとり	ひつじ	やぎ	うし

② 　いちばん　多い　どうぶつは　何ですか。

（　　　　　　　　）

③ 　②は　何びきですか。　　　　（　　　　　　　　）

④ 　にわとりと　ひつじの　数の　ちがいは、なん
　　びきですか。　　　　　　　　（　　　　　　　　）

長　さ (1)

名前

── 長さのたんい① ────── センチメートル ──

　ものの　長さを　正しく　はかるために、ものさしを　つかいます。1円玉の　半分（はんぶん）の　長さを　**1センチメートル**と　いって、**1cm**と　かきます。

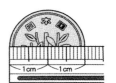

1　cm（センチメートル）の　かき方を　れんしゅうしましょう。

2　どの　はかり方が　よいですか。ばんごうに　○を　しましょう。

① （はかるところ）

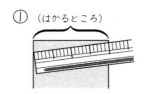

②

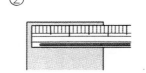

③

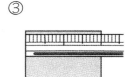

3　リボンは、何cm ですか。（1めもりは　1cm）

cm

_____

月　　日

1 何 cm ですか。(点線と　点線の　あいだは　1 cm)

① (　　　　)

② (　　　　)

③ (　　　　)

④ (　　　　)

2 長さを　はかりましょう。

① (　　　　)

② (　　　　)

③ (　　　　)

④ (　　　　)

⑤ (　　　　)

長さ (3)

名前

長さのたんい②・・・・・・・・ミリメートル

　1センチメートルを　同じ　長さに　10こに　分けた　1つ分の　長さを　1ミリメートルと　いって、1mmと　かきます。

1　mm（ミリメートル）の　かき方を　れんしゅうしましょう。

2　何cm何mm ですか。（大きな　めもりは　1cm、小さな　めもりは　1mm です。）

①

②

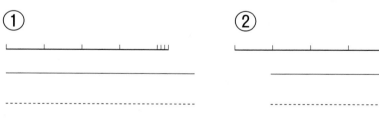

③

④

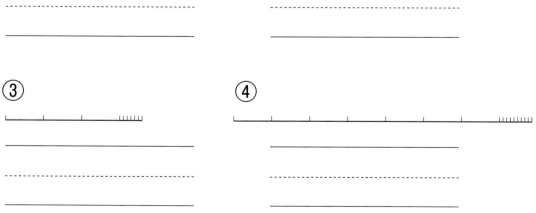

1 左の はしから、㋐、㋑、㋒までの 長さは、それぞれ どれだけですか。

㋐ （　　　　） ㋑ （　　　　） ㋒ （　　　　）

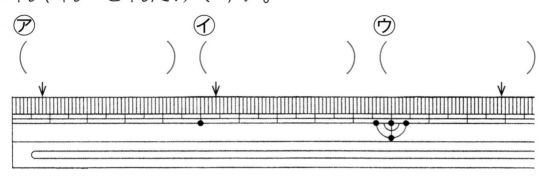

2 長さを はかりましょう。

①

けし
ゴム

＿＿＿＿ cm ＿＿＿＿ mm

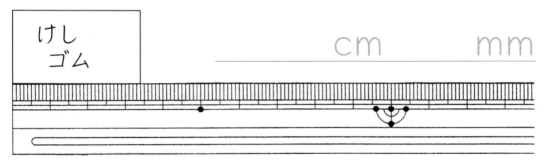

②

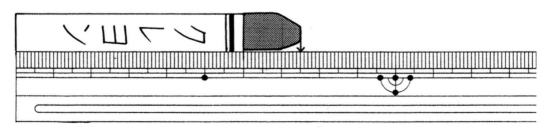

＿＿＿＿ cm ＿＿＿＿ mm

■ 1 点⑦からの 長さを はかりましょう。

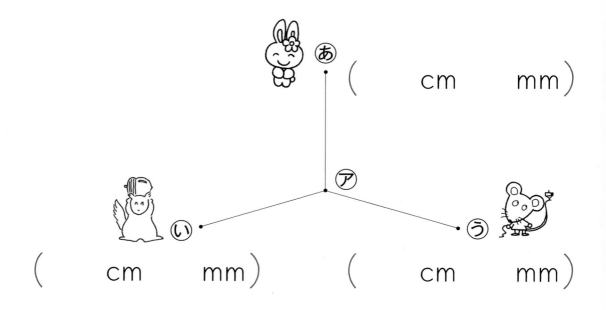

あ （　　　cm　　　mm）

（　　　cm　　　mm）　（　　　cm　　　mm）

■ 2 つぎの 長さの 直線を かきましょう。

① 9cm　　　　→・

② 9cm 6mm →・

③ 8cm 9mm →・

④ 7cm 7mm →・

⑤ 6cm 5mm →・

長　さ (6)

名前

🌸　たんいを　かえる　れんしゅうです。うすい　と
ころを　なぞりましょう。

① 2cm は □mm です。 → 2cm = 20mm

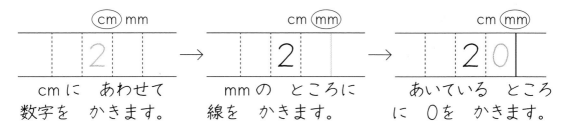

② 40mm は □cm です。 → 40mm = 4mm

③ 35mmは □cm □mm です。 → 35mm = 3cm 5mm

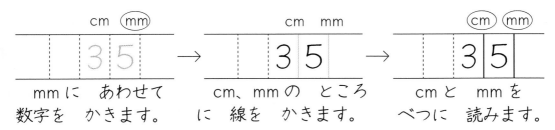

④ 3cm 8mm は □mm です。 → 3cm 8mm = 38mm

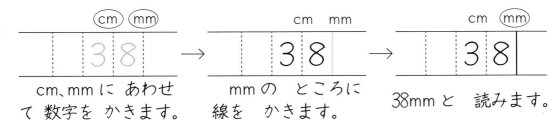

🌸　たんいを　かえましょう。

① 4cm = ☐ mm　② 8cm = ☐ mm

③ 50mm = ☐ cm　④ 30mm = ☐ cm

⑤ 42mm = ☐ cm ☐ mm　⑥ 71mm = ☐ cm ☐ m

⑦ 82mm = ☐ cm ☐ mm　⑧ 5cm 7mm = ☐ mm

⑨ 8cm 9mm = ☐ mm　⑩ 10cm 4mm = ☐ mm

長さ ⑧

名前

長さのたんい③ ──────── メートル

　長い　ものを　はかる　と
きには、大きな　たんいを
つかいます。１センチメート
ルを　100こ　あつめた長さ
を　１メートルと　いって、
１ｍと　かきます。

1m

---

1 ｍ（メートル）の　かき方を　れんしゅうしましょ
う。

ｍ　ｍ　ｍ　ｍ　　１ｍ ＝ 100 cm

2 何メートルに　なるか　答えましょう。

① カーペットの　はばは、１メートルの　ものさ
し　2本分の　長さでした。何メートルですか。

　　　　　　　　　　　　　　　　　　　　　　　　ｍ

② プールの　はばは、１メートルの　ものさし
10本分の　長さでした。何メートルですか。

　　　　　　　　　　　　　　　　　　　　　　　　ｍ

月　　日

❀　たんいを　かえる　れんしゅうです。うすい　と
　　ころを　なぞりましょう。

① 6m は □cm です。→6m = 600cm

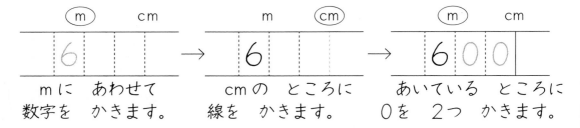

m に　あわせて
数字を　かきます。

cm の　ところに
線を　かきます。

あいている　ところに
0を　2つ　かきます。

② 400cm は □m です。→400cm = 4m

cm に　あわせて
数字を　かきます。

m の　ところに
線を　かきます。

0を　けします。

③ 512cm は □m□cmです。→512cm = 5m12cm

cm に　あわせて
数字を　かきます。

m、cm の　ところ
に　線を　かきます。

m と　cm を
べつに　読みます。

④ 2m50cm は □cm です。→2m50cm = 250cm

m、cm に　あわせて
数字を　かきます。

cm の　ところに
線を　かきます。

250cm と　読みま
す。

名前

1 たんいを かえましょう。

① 7m = ☐ cm

② 8m = ☐ cm

m		cm	

m		cm	

③ 900cm = ☐ m

④ 200cm = ☐ m

m		cm	

m		cm	

⑤ 627cm = ☐ m ☐ cm

⑥ 502cm = ☐ m ☐ cm

m		cm	

m		cm	

2 たんいを かえましょう。

① 3m = ☐ cm

② 5m = ☐ cm

③ 9m = ☐ cm

④ 300cm = ☐ m

⑤ 700cm = ☐ m

⑥ 800cm = ☐ m

⑦ 235cm = ☐ m ☐ cm

⑧ 607cm = ☐ m ☐ cm

⑨ 2m53cm = ☐ cm

⑩ 8m 9cm = ☐ cm

月 日

❀ つぎの □ に あてはまる 長さの たんいを
かきましょう。

(□ 1つ 10点)

① ぼくの しん長は 1 □ 22 □ です。

② 新しい えんぴつの 長さは 17 □ 6 □
です。

③ 教科書の よこの 長さは、18 □ 1 □
です。

④ 教科書の あつさは 6 □ です。

⑤ 教室の 前のかべから 後ろのかべまでは 8
□ です。

⑥ 先生の つくえの よこは 100 □ で、高さ
は 70 □ です。

点

長　さ　まとめ (2)　名前

1 しん長が　１m20cm の　つむぎさんが、高さ 25cm の　台の　上に　のりました。ゆかから、つむぎさんの　頭の　上までは、どれだけの　高さですか。同じ　たんいどうしを　計算します。(20点)

しき

答え _____

2 長さの　計算を　しましょう。　　　(1つ10点)

① $2cm + 3cm =$

② $5m + 4m =$

③ $1m50cm + 30cm =$

④ $3cm5mm + 2cm =$

⑤ $3m + 25cm =$

⑥ $2m65cm - 1m =$

⑦ $1m82cm - 41cm =$

⑧ $2cm5mm - 2cm =$

点

水のかさ (1)

名前

かさの　たんい① ┄┄┄┄┄ リットル ┄┄┄

バケツに　入る　水の　かさを　はかるときには、1リットルますを　つかいます。

1リットルは、1L と　かきます。

1 L の　かき方を　れんしゅうしましょう。

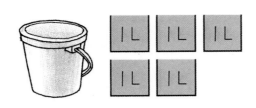

左の　バケツには、1L ます　5つ分の　水が　入ります。これを　5L(リットル)と　いいます。

2 つぎの　入れものに　水は　何L　入りますか。

①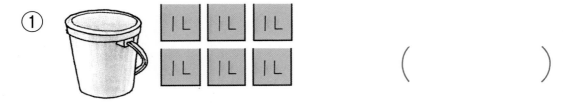

（　　　　　　）

②

| 1L | 1L |

（　　　　　　）

水のかさ (2)

名前

かさの　たんい② ―――――― デシリットル ―

1Lを　10こに　分けた
1つ分を1デシリットル　と
いい、1dLと　かきます。

ペットボトルの　お茶は　5めもりなので、5
dL です。

---

1 dLの　かき方を　れんしゅうしましょう。

dL dL dL dL dL dL

2 1Lますに、1dLますで　水が　何ばい　入るか
しらべました。1Lは、何dL ですか。

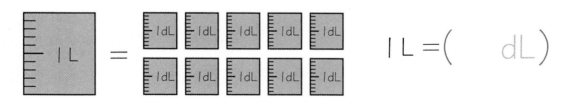

1L＝(　　dL)

3 水の　かさは、何L何dL ですか。

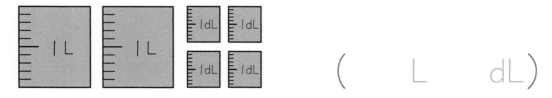

(　　L　　dL)

水のかさ (3)

名前

1 　1L 5dL の　ペットボトルと　5dL の　パック
に入った　オレンジジュースが　あります。

　　　① 　あわせると　何L に　なりますか。

　　　しき

答え _____

② 　ちがいは、何L ですか。

しき

答え _____

2 　計算を　しましょう。

　　　　　4L 6dL
① 　＋2L 2dL
　　　　　L　　dL

　　　　　5L 7dL
② 　－3L 4dL
　　　　　L　　dL

③ 　3L＋1L 5dL ＝

④ 　4L 2dL＋3dL ＝

⑤ 　8L 8dL－7L ＝

⑥ 　3L 4dL－2L 2dL ＝

水のかさ (4) 名前

かさの たんい③ ─────── ミリリットル

のむヨーグルトの　かさを　はかったら、つぎ
のように　なりました。2dLと　少(すこ)しです。

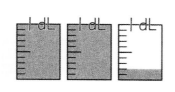

入れものに　220mL
と　かいてありまし
た。220ミリリットル
と　読みます。

1dL = 100mL

---

1 mLの　かき方を　れんしゅうしましょう。

2 パックの　牛(ぎゅう)にゅう (1000mL) を、1Lますに
入れると、ちょうど　1ぱいに　なりました。
1Lは　何mL ですか。

　=　[1L]　　　1L =(　　　　　mL)

1 かさは、何 dL 何 mL ですか。

①

_____ dL _____ mL

② ③

_____ dL _____ mL

_____ dL _____ mL

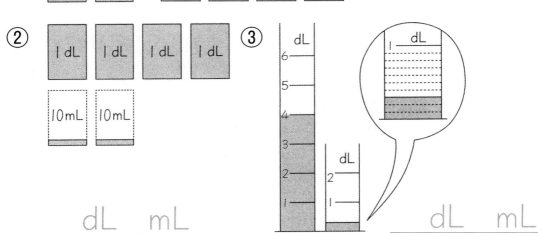

| 1 L = 10dL | 1 dL = 100mL | 1 L = 1000mL |
| 10dL = 1 L | 100mL = 1 dL | 1000mL = 1 L |

2 ☐に、あてはまる　数を　かきましょう。

① 1 dL は ☐ mL です。

② ☐ dL は　500mL です。

③ 1 L は ☐ mL です。

④ ☐ L は　7000mL です。

水のかさ (6)

名前

1　びん入りの　牛にゅうを、1dL ますに　入れました。何mL ですか。

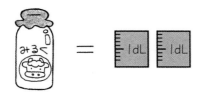

（　　　　　　　　　）

2　かさを　くらべて、多い方に　○を　しましょう。

① {（　　　）⑦ 6000mL
　（　　　）⑦ 7L

② {（　　　）⑦ 1L
　（　　　）⑦ 90mL

③ {（　　　）⑦ 10dL
　（　　　）⑦ 2L

④ {（　　　）⑦ 600mL
　（　　　）⑦ 5dL

3　かさの　たんい（L、dL、mL）を　□に　かきましょう。

①　きゅう食の　牛にゅうは、200 □　です。

②　そうじ用の　バケツに、水が　4 □　入っています。

③　1L = 10 □　です。

④　500 □　入りの　お茶を　のみました。

水のかさ まとめ

名前

1 何dLに なるか 計算を しましょう。 （1つ5点）

①　3dL＋4dL＝　　　　②　2dL＋6dL＝

③　5dL＋4dL＝　　　　④　7dL＋3dL＝

⑤　6dL＋8dL＝　　　　⑥　7dL－2dL＝

⑦　9dL－5dL＝　　　　⑧　8dL－3dL＝

⑨　12dL－8dL＝　　　⑩　13dL－7dL＝

2 計算を しましょう。　　（1つ10点）　　| 1L＝10dL |

①　3L＋6L＝

②　4L＋8dL＝　　　L　　　dL

③　2L3dL＋6L6dL＝　　　L　　　dL

④　2dL＋8dL＝　　　dL＝　　　L

⑤　4L4dL＋3L6dL＝　　　L　　　dL＝　　　L

点

３本の　直線で　かこまれた　形を　三角形と　いいます。

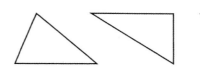

４本の　直線で　かこまれた　形を　四角形と　いいます。

🌸　下の　図を　見て　答えましょう。

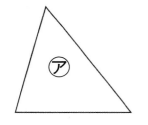 ア
 イ
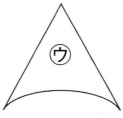 ウ
 エ

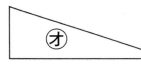 オ
 カ
 キ

 ク
 ケ
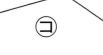 コ

①　三角形の　きごうを　かきましょう。

（　　　　　　　　　）

②　四角形の　きごうを　かきましょう。

（　　　　　　　　　）

三角形と四角形 (2)

名前

1 3つの 点㋐、㋑、㋒を 3本の 直線で つなぎましょう。　　㋐・

㋑・　　　　　　　・㋒

2 4つの 点㋐、㋑、㋒、㋓を、4本の 直線で つなぎましょう。㋐・　　　　・㋓

㋑・　　　　　　　　・㋒

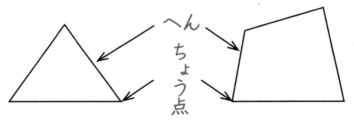

三角形や 四角形で、まわりの 直線を へん、かどの 点を ちょう点と いいます。

3 □に あてはまる 数を かきましょう。

①　三角形は、へんは □本で、ちょう点は □こ あります。

②　四角形は、へんは □本で、ちょう点は □こ あります。

名前

図のように、紙を　4つに　おって　できる
かどの　形を　直角　といいます。

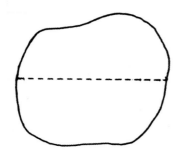 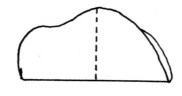 

三角じょうぎには、直角が　1つ　あります。
どれが　直角か　しらべてみましょう。

 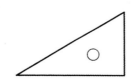

🌸　直角が　あるのは　どれか　三角じょうぎで　し
らべて　きごうに　○をしましょう。

ア　　　　　　イ　　　　　　ウ　　　　　　エ

    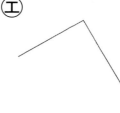

三角形と四角形 (4)

名前

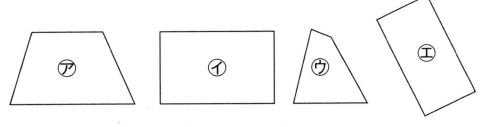

かどが　みんな　直角の
四角形を　長方形（ちょうほうけい）　といいます。

直角		直角
	長方形	
直角		直角

1 下の　中で、長方形は　どれですか。

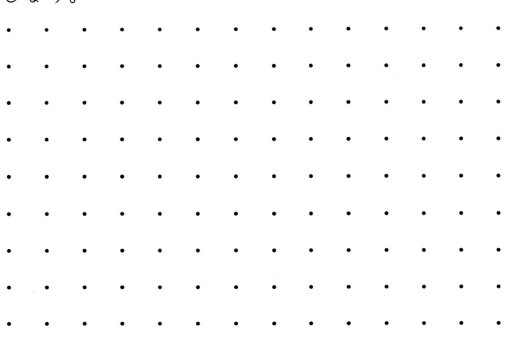

　　長方形は、（　　）と（　　）です。

2 ・と　・を　むすんで、長方形を　3つ　かきましょう。

・　・　・　・　・　・　・　・　・　・　・　・　・　・
・　・　・　・　・　・　・　・　・　・　・　・　・　・
・　・　・　・　・　・　・　・　・　・　・　・　・　・
・　・　・　・　・　・　・　・　・　・　・　・　・　・
・　・　・　・　・　・　・　・　・　・　・　・　・　・
・　・　・　・　・　・　・　・　・　・　・　・　・　・
・　・　・　・　・　・　・　・　・　・　・　・　・　・
・　・　・　・　・　・　・　・　・　・　・　・　・　・

1　長方形の　紙を、図のように　点線を　おって、長方形のむかい合って　いる　へんの　長さを　くらべましょう。□　に、あてはまる　ことばを　かきましょう。

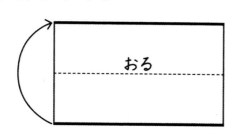

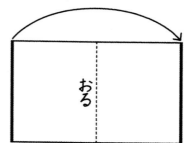

　長方形の　むかい合って　いる　□　の　長さは　同じです。

2　1cmほうがんに、それぞれの　長方形を　かきましょう。

①　たて4cm、よこ5cm ②　たて3cm、よこ4cm
　の　長方形 　　　の　長方形

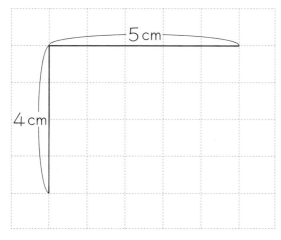

かどが　みんな　直角で、へんの
長さが　みんな　同じ　四角形を
正方形（せいほうけい）と　いいます。

正方形

1 下の　中で、正方形は　どれですか。

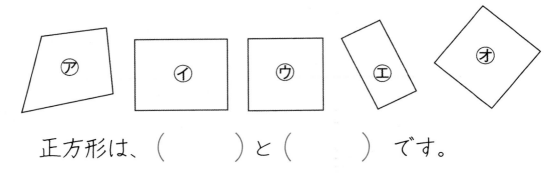

正方形は、（　　　）と（　　　）です。

2 1cmほうがんに、それぞれの　正方形を　かき
ましょう。

① 1つの　へんの　長さ
　が　4cmの　正方形

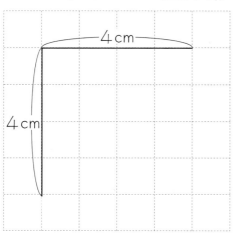

② 1つの　へんの　長さ
　が　3cmの　正方形

三角形と四角形 (7)

名前

直角の　かどの　ある　三角形を
ちょっかくさんかくけい
直角三角形 と　いいます。

三角じょうぎは、2つとも
直角三角形です。

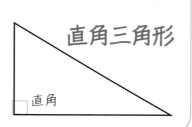
直角三角形

直角

1 下の　中で、直角三角形は　どれですか。

 ア
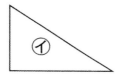 イ
 ウ
 エ
 オ

直角三角形は、（　　）と（　　）と（　　）です。

2 1cm ほうがんに、それぞれの　直角三角形を
かきましょう。

① 直角の　りょうがわの
　へんの　長さが　3cm
　と5cmの　直角三角形

② 直角の　りょうがわの
　へんの　長さが　4cm
　と4cmの　直角三角形

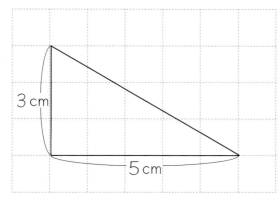

はこの形 (1)

名前

はこの　形で、たいらな　ところを　めんと　いいます。
はこの　へりの　線を　へん　といい、かどの　とがった　ところを　ちょう点と　いいます。

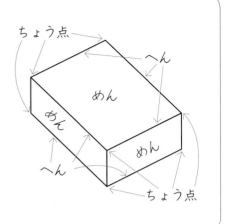

✿　（　）に、あてはまる　ことばや　数を　かきましょう。

① はこの　形で、たいらな　ところを　（　　　　）と　いいます。

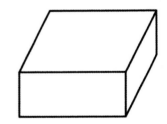

② はこの　形の　へりの　線を　（　　　）と　いいます。

③ かどの　とがった　ところを　（　　　　　）と　いいます。

④ はこの　形には、めんが（　　　）こ、へんが（　　　）本、ちょう点が（　　　）こ　あります。

はこの形 (2)

名前

🌸　はこを　ひらいた　形です。同じ　形の　めんを
見つけて（　　）に　かきましょう。

めんあ

めんう　めんい　めんえ

めんお

めんか

（　　　と　　　）

（　　　と　　　）

（　　　と　　　）

　はこには、同じ　形の　め
んが　2つずつ　あります。
さいころの　形の　はこは、
どのめんも　同じ
大きさです。

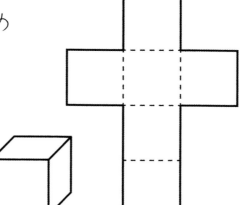

はこの形 (3)

名前

❀　ひごと　ねん土玉で、はこのような　形を　作り
ました。

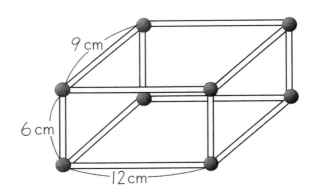

① つぎの　長さの　ひごを、何本ずつ　つかって
いますか。

　　㋐　6cmの　ひご　　　　　　　　（　　　本）

　　㋑　9cmの　ひご　　　　　　　　（　　　本）

　　㋒　12cmの　ひご　　　　　　　（　　　本）

② ひごは、ぜんぶで　何本　つかって　いますか。

　　　　　　　　　　　　　　　　　　（　　　本）

③ ねん土玉は、ぜんぶで　何こ　つかって　いま
すか。　　　　　　　　　　　　　　（　　　こ）

はこの形 (4)

名前

🌸 図のような はこを ひらいたら、⑦、⑦の ど
ちらに なりますか。正しい方に ○を つけま
しょう。

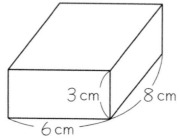

3 cm　8 cm
6 cm

⑦ (　　　　　)　　　　⑦ (　　　　　)

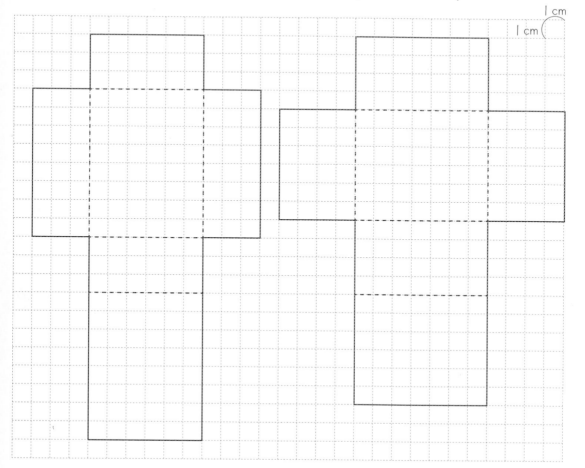

I cm
I cm

月　　日

1 色紙を　同じ　大きさの　2つに　分けました。
どの形も　1つぶん　色を　ぬりましょう。

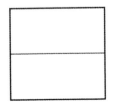 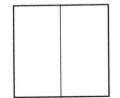 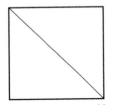

色を　ぬった　1つ分を　もとの　大きさの　二分の一　と
いい、$\frac{1}{2}$と　かきます。

①、②、③
のじゅんにか
きます。

③→
①→ $\frac{1}{2}$
②→

2 色紙を　同じ　大きさの　3つに　分けました。
どの形も　1つずつ　色を　ぬりましょう。

 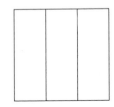 

色を　ぬった　1つ分を　もとの　大きさの　三分の一　と
いい、$\frac{1}{3}$と　かきます。$\frac{1}{2}$や　$\frac{1}{3}$を　分数　といいます。

3 同じ　大きさの　8つに　分けた　1つ分に　色
を　ぬり、分数で　あらわしましょう。

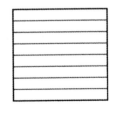 

（　　　　）

かんたんな分数 (2) 名前

1 の　大きさを　分数で　あらわしましょう。

①  （　　　）

②  （　　　）

③ 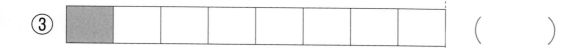 （　　　）

2 つぎの　大きさだけ　色を　ぬりましょう。

① $\dfrac{1}{2}$

② $\dfrac{1}{4}$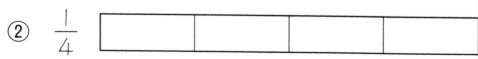

③ $\dfrac{1}{8}$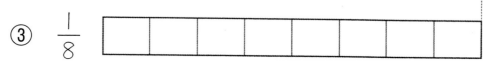

④ $\dfrac{1}{2}$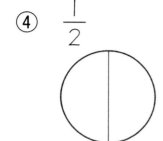

⑤ $\dfrac{1}{3}$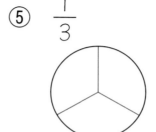

⑥ $\dfrac{1}{8}$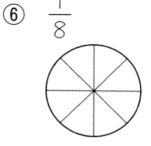

こたえ

[P. 3]
① 87
② 78　③ 65　④ 75
⑤ 89　⑥ 77　⑦ 79
⑧ 88　⑨ 99　⑩ 89

[P. 4]
① 96　② 88　③ 89
④ 96　⑤ 75　⑥ 68
⑦ 67　⑧ 69　⑨ 78
⑩ 47　⑪ 88　⑫ 59

[P. 5]
① 62
② 71　③ 63　④ 80
⑤ 73　⑥ 77　⑦ 92
⑧ 72　⑨ 84　⑩ 90

[P. 6]
① 92　② 80　③ 92
④ 71　⑤ 88　⑥ 83
⑦ 71　⑧ 75　⑨ 70
⑩ 91　⑪ 83　⑫ 84

[P. 7]
① 43
② 20　③ 51　④ 21
⑤ 70　⑥ 94　⑦ 71
⑧ 80　⑨ 90　⑩ 72

[P. 8]
① 52
② 16　③ 14　④ 12
⑤ 31　⑥ 33　⑦ 53
⑧ 73　⑨ 23　⑩ 42

[P. 9]
① 42　② 86　③ 45
④ 41　⑤ 16　⑥ 22
⑦ 21　⑧ 71　⑨ 45

⑩ 55　⑪ 27　⑫ 25

[P. 10]
① 26
② 47　③ 28　④ 18
⑤ 23　⑥ 38　⑦ 18
⑧ 17　⑨ 14　⑩ 58

[P. 11]
① 47　② 39　③ 29
④ 35　⑤ 15　⑥ 67
⑦ 28　⑧ 48　⑨ 23
⑩ 37　⑪ 47　⑫ 59

[P. 12]
① 4
② 9　③ 5　④ 8
⑤ 2　⑥ 5　⑦ 8
⑧ 8　⑨ 8　⑩ 8

[P. 13]
① 86
② 36　③ 86　④ 65
⑤ 19　⑥ 59　⑦ 49
⑧ 71　⑨ 22　⑩ 68

[P. 14]
① 123
② 116　③ 116　④ 128
⑤ 119　⑥ 118　⑦ 136
⑧ 109　⑨ 148　⑩ 129

[P. 15]
① 162
② 115　③ 111　④ 141
⑤ 153　⑥ 123　⑦ 136
⑧ 142　⑨ 131　⑩ 153

[P. 16]
① 104
② 100　③ 102　④ 103
⑤ 107
⑥ 106　⑦ 103　⑧ 103

〔P. 17〕
① 664
② 383　③ 580
④ 293　⑤ 732
⑥ 851　⑦ 922

〔P. 18〕
① 125　② 156　③ 157
④ 141　⑤ 128　⑥ 126
⑦ 106　⑧ 105　⑨ 105
⑩ 155

〔P. 19〕
① 86
② 54　③ 85
④ 85　⑤ 71
⑥ 82　⑦ 82

〔P. 20〕
① 68
② 68　③ 87
④ 56　⑤ 65
⑥ 53　⑦ 79

〔P. 21〕
① 25
② 49　③ 65
④ 6　⑤ 8
⑥ 93　⑦ 91

〔P. 22〕
① 637
② 819　③ 439
④ 929　⑤ 274
⑥ 534　⑦ 754

〔P. 23〕
① 62　② 93
③ 148　④ 415
⑤ 89　⑥ 67
⑦ 76　⑧ 39

〔P. 24〕
① 234　② 153　③ 240
④ 400　⑤ 305

〔P. 25〕
1　① 五百九十七
　　② 七百十六
　　③ 四百八十
　　④ 六百四
　　⑤ 二百
2　① 358
　　② 730
　　③ 506

〔P. 26〕
① 3　② 6　③ 4　④ 7
⑤ 三千　⑥ 六百　⑦ 四十　⑧ 七
⑨ 3647

〔P. 27〕
1　① 7436　② 5593
　　③ 4182　④ 8504
　　⑤ 6005
2　① 五千六百八十三
　　② 四千七百二十一
　　③ 三千八百五十
　　④ 七千三百四
　　⑤ 九千二十六
　　⑥ 八千七

〔P. 28〕
1　① 3000, 5000
　　② 2830, 2860
　　③ 498, 500
　　④ 195, 200
2　① 1000　② 1000
　　③ 999　④ 700

〔P. 29〕
（しょうりゃく）

〔P. 30〕
5, 10, 15, 20, 25, 30, 35, 40, 45

〔P. 31〕

5	1	5	5×1＝5
5	2	10	5×2＝10
5	3	15	5×3＝15
5	4	20	5×4＝20
5	5	25	5×5＝25

5	6	30	$5 \times 6 = 30$
5	7	35	$5 \times 7 = 35$
5	8	40	$5 \times 8 = 40$
5	9	45	$5 \times 9 = 45$

〔P. 32〕

1　① 10　② 20
　　③ 30　④ 40
　　⑤ 5　⑥ 15
　　⑦ 25　⑧ 35
　　⑨ 45

2　$5 \times 3 = 15$　　15ひき

〔P. 33〕

2，4，6，8，10，12，14，16，18

〔P. 34〕

2	1	2	$2 \times 1 = 2$
2	2	4	$2 \times 2 = 4$
2	3	6	$2 \times 3 = 6$
2	4	8	$2 \times 4 = 8$
2	5	10	$2 \times 5 = 10$
2	6	12	$2 \times 6 = 12$
2	7	14	$2 \times 7 = 14$
2	8	16	$2 \times 8 = 16$
2	9	18	$2 \times 9 = 18$

〔P. 35〕

1　① 4　② 8
　　③ 12　④ 16
　　⑤ 2　⑥ 6
　　⑦ 10　⑧ 14
　　⑨ 18

2　$2 \times 4 = 8$　　8こ

〔P. 36〕

4，8，12，16，20，24，28，32，36

〔P. 37〕

4	1	4	$4 \times 1 = 4$
4	2	8	$4 \times 2 = 8$
4	3	12	$4 \times 3 = 12$
4	4	16	$4 \times 4 = 16$
4	5	20	$4 \times 5 = 20$
4	6	24	$4 \times 6 = 24$
4	7	28	$4 \times 7 = 28$
4	8	32	$4 \times 8 = 32$
4	9	36	$4 \times 9 = 36$

〔P. 38〕

1　① 4　② 20
　　③ 32　④ 16
　　⑤ 8　⑥ 24
　　⑦ 28　⑧ 12
　　⑨ 36

2　$4 \times 8 = 32$　　32こ

〔P. 39〕

3，6，9，12，15，18，21，24，27

〔P. 40〕

3	1	3	$3 \times 1 = 3$
3	2	6	$3 \times 2 = 6$
3	3	9	$3 \times 3 = 9$
3	4	12	$3 \times 4 = 12$
3	5	15	$3 \times 5 = 15$
3	6	18	$3 \times 6 = 18$
3	7	21	$3 \times 7 = 21$
3	8	24	$3 \times 8 = 24$
3	9	27	$3 \times 9 = 27$

〔P. 41〕

1　① 21　② 12
　　③ 3　④ 24
　　⑤ 15　⑥ 6
　　⑦ 27　⑧ 18
　　⑨ 9

2　$3 \times 8 = 24$　　24こ

〔P. 42〕

6，12，18，24，30，36，42，48，54

〔P. 43〕

6	1	6	$6 \times 1 = 6$
6	2	12	$6 \times 2 = 12$
6	3	18	$6 \times 3 = 18$
6	4	24	$6 \times 4 = 24$
6	5	30	$6 \times 5 = 30$
6	6	36	$6 \times 6 = 36$
6	7	42	$6 \times 7 = 42$
6	8	48	$6 \times 8 = 48$
6	9	54	$6 \times 9 = 54$

〔P. 44〕

1　① 12　② 24
　　③ 36　④ 48
　　⑤ 42　⑥ 54
　　⑦ 6　⑧ 18

⑨　30

2　$6 \times 8 = 48$　　48本

〔P. 45〕

7, 14, 21, 28, 35, 42, 49, 56, 63

〔P. 46〕

7	1	7	$7 \times 1 = 7$
7	2	14	$7 \times 2 = 14$
7	3	21	$7 \times 3 = 21$
7	4	28	$7 \times 4 = 28$
7	5	35	$7 \times 5 = 35$
7	6	42	$7 \times 6 = 42$
7	7	49	$7 \times 7 = 49$
7	8	56	$7 \times 8 = 56$
7	9	63	$7 \times 9 = 63$

〔P. 47〕

1　① 21　② 42
　　③ 63　④ 14
　　⑤ 35　⑥ 56
　　⑦ 7　⑧ 28
　　⑨ 49

2　$7 \times 4 = 28$　　28日

〔P. 48〕

8, 16, 24, 32, 40, 48, 56, 64, 72

〔P. 49〕

8	1	8	$8 \times 1 = 8$
8	2	16	$8 \times 2 = 16$
8	3	24	$8 \times 3 = 24$
8	4	32	$8 \times 4 = 32$
8	5	40	$8 \times 5 = 40$
8	6	48	$8 \times 6 = 48$
8	7	56	$8 \times 7 = 56$
8	8	64	$8 \times 8 = 64$
8	9	72	$8 \times 9 = 72$

〔P. 50〕

1　① 40　② 32
　　③ 24　④ 16
　　⑤ 8　⑥ 72
　　⑦ 64　⑧ 56
　　⑨ 48

2　$8 \times 8 = 64$　　64円

〔P. 51〕

9, 18, 27, 36, 45, 54, 63, 72, 81

〔P. 52〕

9	1	9	$9 \times 1 = 9$
9	2	18	$9 \times 2 = 18$
9	3	27	$9 \times 3 = 27$
9	4	36	$9 \times 4 = 36$
9	5	45	$9 \times 5 = 45$
9	6	54	$9 \times 6 = 54$
9	7	63	$9 \times 7 = 63$
9	8	72	$9 \times 8 = 72$
9	9	81	$9 \times 9 = 81$

〔P. 53〕

1　① 18　② 9
　　③ 45　④ 81
　　⑤ 36　⑥ 72
　　⑦ 27　⑧ 54
　　⑨ 63

2　$9 \times 6 = 54$　　54こ

〔P. 54〕

1, 2, 3, 4, 5, 6, 7, 8, 9

〔P. 55〕

1	1	1	$1 \times 1 = 1$
1	2	2	$1 \times 2 = 2$
1	3	3	$1 \times 3 = 3$
1	4	4	$1 \times 4 = 4$
1	5	5	$1 \times 5 = 5$
1	6	6	$1 \times 6 = 6$
1	7	7	$1 \times 7 = 7$
1	8	8	$1 \times 8 = 8$
1	9	9	$1 \times 9 = 9$

〔P. 56〕

1　① 1　② 2
　　③ 6　④ 7
　　⑤ 3　⑥ 5
　　⑦ 9　⑧ 4
　　⑨ 8

2　$1 \times 3 = 3$　　3こ

〔P. 57, P. 58〕（同じもんだい）

① 4　② 8
③ 12　④ 16
⑤ 2　⑥ 6
⑦ 10　⑧ 14
⑨ 18　⑩ 10
⑪ 20　⑫ 30
⑬ 40　⑭ 5

⑮ 15 ⑯ 25
⑰ 35 ⑱ 45
⑲ 8 ⑳ 20

[P. 59, P. 60] (同じもんだい)
① 24 ② 12
③ 16 ④ 32
⑤ 28 ⑥ 4
⑦ 36 ⑧ 24
⑨ 6 ⑩ 48
⑪ 42 ⑫ 18
⑬ 36 ⑭ 12
⑮ 30 ⑯ 54
⑰ 21 ⑱ 35
⑲ 7 ⑳ 56

[P. 61, P. 62] (同じもんだい)
① 14 ② 49
③ 28 ④ 42
⑤ 63 ⑥ 8
⑦ 16 ⑧ 40
⑨ 64 ⑩ 48
⑪ 72 ⑫ 56
⑬ 24 ⑭ 32
⑮ 45 ⑯ 27
⑰ 72 ⑱ 9
⑲ 36 ⑳ 63

[P. 63, P. 64] (同じもんだい)
① 18 ② 81
③ 54 ④ 24
⑤ 18 ⑥ 12
⑦ 6 ⑧ 3
⑨ 9 ⑩ 15
⑪ 21 ⑫ 27
⑬ 2 ⑭ 4
⑮ 6 ⑯ 8
⑰ 9 ⑱ 7
⑲ 5 ⑳ 3

[P. 65]
① 2 ② 10
③ 6 ④ 4
⑤ 4 ⑥ 18
⑦ 3 ⑧ 3

⑨ 14 ⑩ 6
⑪ 2 ⑫ 7
⑬ 8 ⑭ 9
⑮ 8 ⑯ 12
⑰ 5 ⑱ 6
⑲ 9 ⑳ 16

[P. 66]
① 18 ② 12
③ 12 ④ 25
⑤ 21 ⑥ 4
⑦ 24 ⑧ 20
⑨ 20 ⑩ 15
⑪ 28 ⑫ 27
⑬ 18 ⑭ 24
⑮ 24 ⑯ 8
⑰ 35 ⑱ 32
⑲ 36 ⑳ 36

[P. 67]
① 16 ② 30
③ 30 ④ 12
⑤ 14 ⑥ 42
⑦ 42 ⑧ 15
⑨ 6 ⑩ 45
⑪ 28 ⑫ 10
⑬ 48 ⑭ 40
⑮ 24 ⑯ 9
⑰ 54 ⑱ 40
⑲ 63 ⑳ 5

[P. 68]
① 7 ② 16
③ 27 ④ 35
⑤ 72 ⑥ 72
⑦ 45 ⑧ 56
⑨ 32 ⑩ 18
⑪ 36 ⑫ 49
⑬ 81 ⑭ 48
⑮ 54 ⑯ 64
⑰ 21 ⑱ 8
⑲ 63 ⑳ 56

[P. 69]
① 10 ② 11

③ 12　④ 20
⑤ 22　⑥ 24
⑦ 30　⑧ 33
⑨ 36　⑩ 40
⑪ 44　⑫ 48
⑬ 50　⑭ 55
⑮ 60　⑯ 66
⑰ 70　⑱ 77
⑲ 80　⑳ 88

〔P. 70〕
① 90　② 99
③ 10　④ 20
⑤ 30　⑥ 40
⑦ 50　⑧ 60
⑨ 70　⑩ 80
⑪ 90　⑫ 11
⑬ 22　⑭ 33
⑮ 44　⑯ 55
⑰ 66　⑱ 77
⑲ 88　⑳ 99

〔P. 71〕
（しょうりゃく）

〔P. 72〕
① 午前6時30分
② 午前7時
③ 午前9時
④ 午後0時15分
⑤ 午後3時
⑥ 午後7時30分
⑦ 午後9時

〔P. 73〕
① 3時間
② 3時間
③ 6時間

〔P. 74〕
① 15分間
② 20分間
③ 25分間

〔P. 75〕
① 30分間
② 2時間
③ 2時間45分

〔P. 76〕
1 ① 6時　② 9時
③ 6時30分　④ 7時30分
（6時半）　（7時半）
2 ① 8時15分　② 11時15分
③ 8時45分　④ 9時45分
3 ① 8時45分　② 10時15分
③ 11時15分

〔P. 77〕
1 ① 15分間
② 4時間
2 ① 9時10分
② 7時50分

〔P. 78〕
1 33 − 15 = 18　18人
2 15 + 18 = 33　33人
（18 + 15 = 33）
3 33 − 18 = 15　15人

〔P. 79〕
1 59 − 17 = 42　42まい
2 5 + 27 = 32　32こ
（27 + 5 = 32）
3 32 − 23 = 9　9こ

〔P. 80〕
(1) ① 17　② 17　③ 20
④ 20　20人
(2) ① 10　② 10　③ 20
④ 20　20人

〔P. 81〕
① 18　② 23
③ 43　④ 59
⑤ 65　⑥ 96

〔P. 82〕
① 買える

②　買える

③　買えない

〔P. 83〕
①　＝　　②　＞　　③　＜　　④　＜
⑤　＝　　⑥　＞　　⑦　＞　　⑧　＝
⑨　＞

〔P. 84〕
①　犬
②　5人
③　魚をかっている人

〔P. 85〕
①

				○
○				○
○		○		○
○	○	○		○
○	○	○	○	○
○	○	○	○	○
ただし	みちよ	まさお	えり子	ゆうき

②　ゆうき
③　1こ

〔P. 86〕

〈どうぶつの 数〉

どうぶつ	うさぎ	にわとり	ひつじ	やぎ	うし
数	7	6	2	5	1

〔P. 87〕
①　（どうぶつの数）

○				
○	○			
○	○		○	
○	○		○	
○	○		○	
○	○	○	○	
○	○	○	○	○
うさぎ	にわとり	ひつじ	やぎ	うし

②　うさぎ
③　7ひき
④　4ひき

〔P. 88〕
１　（しょうりゃく）
２　③
３　6cm

〔P. 89〕
１　①　9cm　　②　7cm
　　③　2cm　　④　8cm
２　①　7cm　　②　5cm
　　③　8cm　　④　3cm
　　⑤　9cm

〔P. 90〕
１　（しょうりゃく）
２　①　4cm 3mm
　　②　6cm 4mm
　　③　3cm 6mm
　　④　7cm 9mm

〔P. 91〕
１　㋐　8mm
　　㋑　5cm 4mm
　　㋒　12cm 9mm
２　①　3cm 4mm
　　②　7cm 5mm

〔P. 92〕
１　あ　3cm 2mm
　　い　3cm 4mm
　　う　3cm 7mm
２　（しょうりゃく）

〔P. 93〕
（しょうりゃく）

〔P. 94〕
①　40mm　　　②　80mm
③　5cm　　　　④　3cm
⑤　4cm 2mm　⑥　7cm 1mm
⑦　8cm 2mm　⑧　57mm
⑨　89mm　　　⑩　104mm

〔P. 95〕
１　（しょうりゃく）
２　①　2m　　②　10m

〔P. 96〕
（しょうりゃく）

〔P. 97〕

1 ① 700cm ② 800cm
③ 9m ④ 2m
⑤ 6m27cm ⑥ 5m2cm

2 ① 300cm ② 500cm
③ 900cm ④ 3m
⑤ 7m ⑥ 8m
⑦ 2m35cm ⑧ 6m7cm
⑨ 253cm ⑩ 809cm

〔P. 98〕

① m, cm ② cm, mm
③ cm, mm ④ mm
⑤ m ⑥ cm, cm

〔P. 99〕

1 1m20cm + 25cm = 1m45cm
1m45cm

2 ① 5cm ② 9m
③ 1m80cm ④ 5cm5mm
⑤ 3m25cm ⑥ 1m65cm
⑦ 1m41cm ⑧ 5mm

〔P. 100〕

1 (しょうりゃく)
2 ① 6L ② 2L

〔P. 101〕

1 (しょうりゃく)
2 10dL
3 2L4dL

〔P. 102〕

1 ① 1L5dL + 5dL = 2L
2L
② 1L5dL − 5dL = 1L
1L

2 ① 6L8dL ② 2L3dL
③ 4L5dL ④ 4L5dL
⑤ 1L8dL ⑥ 1L2dL

〔P. 103〕

1 (しょうりゃく)
2 1000mL

〔P. 104〕

1 ① 2dL40mL
② 4dL20mL
③ 4dL30mL

2 ① 100 ② 5
③ 1000 ④ 7

〔P. 105〕

1 200mL
2 ① ⑦ ② ⑦
③ ⑦ ④ ⑦
3 ① mL ② L
③ dL ④ mL

〔P. 106〕

1 ① 7dL ② 8dL
③ 9dL ④ 10dL
⑤ 14dL ⑥ 5dL
⑦ 4dL ⑧ 5dL
⑨ 4dL ⑩ 6dL

2 ① 9L ② 4L8dL
③ 8L9dL ④ 10dL = 1L
⑤ 7L10dL = 8L

〔P. 107〕

① ⑦, ⑦, ⑦
② ⑦, ⑦, ⑦, ⑦

〔P. 108〕

1
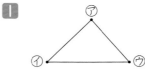

2
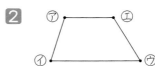

3 ① 3, 3 ② 4, 4

〔P. 109〕

⑦, ⑦

〔P. 110〕

1 ⑦, ⑦
2 (しょうりゃく)

〔P. 111〕
1 へん
2 ① ②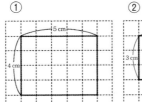

〔P. 112〕
1 ⑦, ⑦
2 ① ②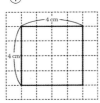

〔P. 113〕
1 ⑦, ⑦, ⑦
2 ① ②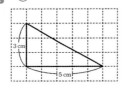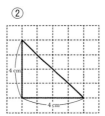

〔P. 114〕
① めん
② へん
③ ちょう点
④ 6, 12, 8

〔P. 115〕
めんあとめんお
めんいとめんか
めんうとめんえ

〔P. 116〕
① ⑦ 4本　⑦ 4本　⑦ 4本
② 12本
③ 8こ

〔P. 117〕
⑦

〔P. 118〕
1 (れい)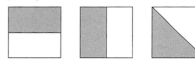

2 (れい)

3 (れい) 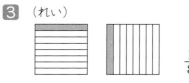 $\frac{1}{8}$

〔P. 119〕
1 ① $\frac{1}{2}$ ② $\frac{1}{4}$ ③ $\frac{1}{8}$
2 (れい)

④ ⑤ ⑥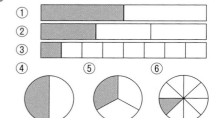

— 128 —